手掌上的风景

智能手机时代移动审美方式研究

张建 著

重庆邮电大学博士启动基金项目

中国社会科学出版社

图书在版编目（CIP）数据

手掌上的风景：智能手机时代移动审美方式研究／张建著．
—北京：中国社会科学出版社，2016.7
ISBN 978-7-5161-8783-8

Ⅰ.①手… Ⅱ.①张… Ⅲ.①审美—研究 Ⅳ.①B83-0

中国版本图书馆 CIP 数据核字（2016）第 191373 号

出 版 人	赵剑英
责任编辑	顾世宝
责任校对	张 慧
责任印制	戴 宽

出　　版	中国社会科学出版社
社　　址	北京鼓楼西大街甲 158 号
邮　　编	100720
网　　址	http://www.csspw.cn
发 行 部	010-84083685
门 市 部	010-84029450
经　　销	新华书店及其他书店
印　　刷	北京明恒达印务有限公司
装　　订	廊坊市广阳区广增装订厂
版　　次	2016 年 7 月第 1 版
印　　次	2016 年 7 月第 1 次印刷
开　　本	710×1000　1/16
印　　张	15.5
插　　页	2
字　　数	233 千字
定　　价	66.00 元

凡购买中国社会科学出版社图书，如有质量问题请与本社营销中心联系调换
电话：010-84083683
版权所有　侵权必究

目 录

绪论 …………………………………………………………（1）
 一 问题提出 ……………………………………………（1）
 二 相关研究综述 …………………………………………（19）
 三 研究价值与创新 ………………………………………（35）
 四 研究方法 ………………………………………………（38）

第一章 移动审美方式的产生及其文化背景 …………………（40）
 一 移动审美方式：概念的提出 …………………………（40）
  （一）审美、审美方式、移动审美方式 ………………（41）
  （二）艺术掌握世界的一种新方式 ……………………（48）
 二 传播媒介演变与审美方式变迁 ………………………（50）
  （一）前语言与语言传播时代 …………………………（52）
  （二）文字传播时代 ……………………………………（55）
  （三）印刷与电子传播时代 ……………………………（58）
  （四）智能手机时代：移动审美方式产生 ……………（63）
 三 移动审美方式产生的文化语境 ………………………（67）
  （一）文化科技创新语境 ………………………………（69）
  （二）视觉文化语境 ……………………………………（71）
  （三）消费文化语境 ……………………………………（75）
  （四）日常生活审美化语境 ……………………………（79）

第二章　移动审美方式现状调研 (85)

一　调查一：结构式访谈 (86)
（一）访谈目的 (86)
（二）访谈步骤 (88)
（三）主要内容记录 (89)
（四）结果分析 (96)
（五）结论 (103)

二　调查二：问卷调查 (103)
（一）调查目的 (103)
（二）问卷编制 (103)
（三）研究工具 (104)
（四）研究调查对象抽样 (104)
（五）结果分析 (105)
（六）结论 (116)

三　本章小结 (119)

第三章　形态表现与价值阐释 (120)

一　移动互联时代手机媒体的审美特征 (122)
（一）审美交互主体性 (122)
（二）审美客体虚拟性 (123)
（三）审美体验主动性 (124)
（四）审美创作个性化、生活化 (126)

二　移动审美方式形态表现 (127)
（一）审美欣赏新方式——手机阅读 (129)
（二）审美创造新领地——手机 UGC (139)
（三）审美表现新舞台——手机微博、微信 (146)

三　移动审美方式价值阐释 (154)
（一）人与技术关系理论探讨 (158)
（二）价值阐释——工具理性与审美表现理性 (161)
（三）人文审美——艺术与技术完美嫁接 (168)

第四章　移动审美教育 …………………………………… (176)
一　当代移动审美教育 ………………………………………… (178)
（一）美学史上对美育及其方式的探讨 ………………………… (178)
（二）移动审美教育——智能手机时代的传媒美育 …………… (183)
二　智能手机时代美育现状与困惑 …………………………… (187)
（一）手机的社会影响 …………………………………………… (187)
（二）智能手机时代的审美困境 ………………………………… (193)
（三）移动美育的价值与特征 …………………………………… (197)
三　移动审美教育策略与方法 ………………………………… (202)
（一）打造优秀手机审美文化产品 ……………………………… (202)
（二）审美素养与媒介素养和谐发展 …………………………… (205)
（三）构建移动"大美育"体系 ………………………………… (208)

结语 …………………………………………………………… (218)

附录一　3G智能手机移动审美方式调查问卷 ……………… (221)

附录二　3G手机移动审美行为方式调查内容一览表 ……… (224)

参考文献 ……………………………………………………… (227)

后记 …………………………………………………………… (240)

绪　　论

一　问题提出

　　科学和艺术就是自然这块奖章的正面和反面，它的一面以感情来表达事物的永恒的程序；另一面，则以思想的形式来表达事物的永恒的程序。

——赫胥黎

　　我们应该自觉地去研究科学技术和文学艺术之间的这种相互作用规律。不但研究规律，而且应该能动地去寻找还有什么现成的科学技术成果，可以为文学艺术所利用，使科学技术为创造社会主义文艺服务。

——钱学森

　　最永久的发明创造都是艺术与科学的嫁接。活着就是为了改变世界，难道还有其他原因吗？

——乔布斯

　　乔布斯任职期间，苹果公司成为美国最具价值的企业，他改变了这个世界，让我们的生活因现代科技充满了更多可能。从 iPod 到 iPhone 再到 iPad，乔布斯一路走来，给我们带来不断的惊喜，他的成功，正如他所念念不忘的，活着就是为了改变世界。乔布斯用以改变世界的灵魂就是，他始终认为最永久的发明创造都是艺术与科学的嫁接。

　　苹果公司 iPhone 系列手机已经远远超出了传统手机的功用，它和

3G、4G、Wi-Fi等新技术一起，推动了移动互联网的迅猛发展，是对互联网技术运用的一次根本性的提升和拓展，自拍、上网、玩游戏、看视频、听音乐、用社交媒体，iPhone不仅仅是手机，娱乐成为它的重要功能，苹果的产品意味着潮流，意味着时尚，意味着一种生活方式。第一代iPhone于2007年发布，2008年7月11日，苹果公司推出iPhone 3G。自此，智能手机的发展开启了新的时代，iPhone成了引领业界的标杆产品。

苹果要传达的信息是：如果没有我们，世界将变得平庸无奇。乔布斯和他的苹果公司重新发明了手机，也重新创造出手机的应用，目前苹果iTunes用户数已经接近6亿，并已售出317亿首歌曲、10亿部电视剧、4亿部电影和6500万本电子书。手机微博、微信在今天已经非常流行，我们经常可以看见人们各自在那里发微博、刷朋友圈，手机微博、微信填充了我们的碎片化时间，但同时，也让我们的时间变得更加的碎片化，正如美国《时代》周刊对此的解释，社会正从机构向个人过渡，个人正在成为"新数字时代民主社会"的公民。

麦克卢汉讲媒介即讯息，此话越研究就越有道理。一种新媒介的诞生，不仅是科技发展的产物，而且是社会文化综合发展的产物，它集中地反映了那个时代的物质文明和精神文明发展的高度。如果说一部人类文明史从一定意义上讲是一部生产工具发展史的话，一部人类感性的精神世界演变史就和不断"人性化"发展的媒介工具密切相关，媒介的"人性化"发展实质就是其"美学化"进步，不但提高了传播水平，变革了传播观念，而且带来审美方式的变迁和审美活动的巨大改变，推动并促进着人类文明的发展和进步。作为媒介，手机被誉为继20世纪80年代的电视、20世纪90年代的因特网媒体革命以来的又一次革命，并且比前两次更为深入和久远，美国媒介学者丹·斯坦博克称其为"移动革命"，并且说"从'悦耳'发展到'赏心悦目'，这就是移动革命的开始"[①]。

（一）智能手机时代引发的美学问题思考

智能手机，是指像个人电脑一样，具有独立的操作系统，独立的运

[①] [美]丹·斯坦博克：《移动革命》，岳蕾等译，电子工业出版社2006年版，前言。

行空间，可以由用户自行安装软件、游戏、导航等第三方服务商提供的程序，并可以通过移动通信网络来实现无线网络接入的手机类型的总称。智能手机是由掌上电脑（Pocket PC）演变而来的，世界上第一款手机是 IBM 公司 1993 年推出的 Simon，它也是世界上第一款使用触摸屏的智能手机，使用 Zaurus 操作系统，虽然其中只有一款名为"Dispatch It"的第三方应用软件，但它为以后的智能手机处理器奠定了基础，有着里程碑的意义。

据《2013—2017 年中国智能手机行业市场需求预测与投资战略规划分析报告》估算，2012 年前三季度，全球智能手机用户总数已经突破了10 亿大关。智能手机具有六大特点：1. 具备无线接入互联网的能力；2. 具有 PDA 的功能；3. 具有开放的操作系统；4. 人性化；5. 功能强大；6. 运行速度快。

App 是英文 Application 的简称，由于 iPhone 智能手机的流行，现在的 App 多指第三方智能手机的应用程序，作为一种第三方应用的合作形式参与到互联网商业活动。目前比较著名的 App 商店（第三方软件提供商）有 Apple 的 iTunes 商店里面的 App Store，Android 的 Google Play Store，诺基亚的 Ovi Store，还有 Blackberry 用户的 Blackberry App World。

智能手机极大地改变了人们的沟通模式和生活方式，其具有的多样化功能和 App 应用，即时自由沟通和交流，QQ、微信、微博等作为信息资源传递的重要载体，能够为用户提供便捷服务，既可以节约时间，也可以带来舒适的办公和休闲，从而改善用户生活质量。目前各种手机 App 软件已经渗透到人们日常行为和生活的方方面面，高速的网页浏览、高清晰度的图片和视频传播、及时的情绪和生活记录、极致完美的虚拟形象包装、随时随地的位置报道等，这些新技术的运用无时无刻不在深刻影响和改变着现代人的审美心理和行为方式。（见图 0—1：iPhone 手机界面上的 App 应用示例）

据中国互联网络信息中心（CNNIC）发布的《第 35 次中国互联网络发展状况统计报告》，截至 2014 年 12 月，我国手机网民规模达 5.57 亿，较 2013 年增加 5672 万人。网民中使用手机上网的人群占比由 2013 年的81.0% 提升至 85.8%。值得注意的是，我国网民上网设备中，手机使用

4　手掌上的风景

图 0—1　iPhone 手机界面上的 App 应用示例

率达 83.4%，首次超越传统 PC 整体使用率（80.9%），移动互联网带动整体互联网发展。

　　2009 年 1 月，中国移动、中国电信和中国联通分别获得 3G 牌照，标志着我国正式进入 3G 时代。3G 通信的主要业务是娱乐、资讯及商务，3G 的应用为全新的数字化娱乐时代揭开了序幕。3G 即 the 3rd Generation Comnunication System，就是第三代移动通信系统，能够支持处理图像、音乐、视频流等多种媒体形式。3G 网络的高速和无线互联，3G 手机、内置 3G 模块的 MID、上网本、笔记本，都可以成为其终端设备，目前 3G 手机是移动互联网运用最普遍、最重要的终端。3G 手机可以实现高速和"随时随地"的互联网连接，带来崭新的服务业务：1. 视像通话业务。即通常所说的可视电话，实现通话双方的"面对面"实时交流，3G 时代的视像业务可以真正做到音频、视频的随时随地的交互式交流，"闻其声又见其人"的鲜活场景可以延伸到地球的每个角落。同时，3G 的高带宽使

3G 终端与互联网的视频通话成为可能，不仅是手机与手机之间，随着电信网、广播电视网和互联网三网融合的加快推进，手机与电脑之间、手机与电视之间都可以实现可视通话。2. 无线高速互联网业务。即移动通信与互联网的融合，手机终端可以"随时随地"接入互联网，完成各种互联网应用，并且是高速接入。表现在以下方面：（1）"声色俱佳"的娱乐业务。如手机电视、手机网络游戏、手机购物、手机支付、手机移动互联网社区、博客、聊天、交流及手机端的各种下载和搜索等。3G 时代的高速上网让用户的娱乐体验变得高质量和高效率。（2）"个性化而精准"的资讯业务。3G 网络的大容量与高速度使 3G 时代的资讯更多的是通过视频、音频来实现资讯内容的实时交互性传达，而非仅仅是文字内容，用户互动和反馈更加及时。（3）"随时随地"的办公及商务。通过 3G 网络和服务，不仅可以在 3G 手机终端上完成撰写、收发、保存、打印电子邮件，还可以与 MSN、QQ 等即时通信工具融合，进行收发文字、图片、动画、影像等多媒体信息操作。目前移动互联网环境下的智能手机应用已经成为现代人的一种重要的娱乐休闲方式与生活方式。

4G（全称：the 4th Generation Communication System），即第四代通信系统。4G 是集 3G 与 WLAN 于一体，并能够快速且高质量传输数据、音频、视频和图像等。

4G 能够以 100Mbps 以上的速度下载，比目前的家用宽带 ADSL（平均为 4 兆）快 25 倍，并能够满足几乎所有用户对于无线服务的要求。此外，4G 可以在 DSL 和有线电视调制解调器没有覆盖的地方部署，然后扩展到整个地区。很明显，4G 有着不可比拟的优越性。

Wi-Fi 是一种可以将个人电脑、手持设备（如 PAD、手机）等终端以无线方式互相连接的技术，无线网络上网可以简单地理解为无线上网，几乎所有智能手机、平板电脑和笔记本电脑都支持无线保真上网，是当今使用最广的一种无线网络传输技术。宽带普及和笔记本电脑价格下降成为 Wi-Fi 应用的主要动力，Wi-Fi 产品不断成熟和发展，其标准也不断趋向完善，其最大应用从公共热点的应用，到企业和家庭用户市场，Wi-Fi 将成为未来宽带无线技术的主要角色之一。

国际电信联盟报告指出，截至 2010 年年底，全球手机用户数达到

52.8亿,从2000年到2010年,手机的普及率由12%迅速上升到77%,手机成为人类历史上普及时间最短,覆盖范围最广的科技产品。正如麦克卢汉所言"媒介是人的延伸",手机同样可以看作人的身体的延伸。它长在人们的手上,就如同手是长在人们的身体上面一样。人们丢失了手机,就像身体失去了一个重要的器官,就像一台机器失去了一个重要的配件一样。[①] 我们已经无法适应没有手机的生活,如果哪一天,我们忘了带什么东西而必须马上回家拿,那么它可以不是钱包,不是房间钥匙,不是其他的任何东西,只可能是手机,因为如果那天失掉了手机,我们就会迅速失掉与周围世界的联系,失掉人际交往,甚至失掉自己的身份,我们不能没有手机。一个人如果长时期关掉手机的话,不论他每天如何频繁地出没于大街小巷,人们还是会认为这个人从社会中消失了。[②]

随着智能手机等移动终端的快速普及和无线网络技术的不断改造升级,移动互联网在我国快速发展,并使我们切实感受到从"人随网走"到"网随人走"的重大变化,使互联网真正无时不在、无处不在,并深刻影响和改变着我们的生活、学习和工作。我国手机网民的移动应用不断拓展和深入,"智能移动终端+App"的移动新媒体生活模式迅速推广和普及,基于社交应用的手机App软件发展迅猛,微信、微博等用户人数每年以亿为单位飙升,目前已经突破5亿,App应用软件已经改变或者正在改变用户的手机使用习惯。

随着现代通信传播手段的进步,特别是3G、4G、Wi-Fi等移动互联网技术的飞速发展,手机将成为重要的私人信息接收终端和信息发布平台,手机也获得了完全不同于以往的新内涵,即个人移动多媒体(Personal Mobile Multimedia,PMM)——整合多种媒体类型的、个人持有的、完全互动的移动设备。[③] 9亿多且还在不断增长的受众群体、一天10多个小时的贴身伴随、获取信息和移动生产的强大功能、随时随地的互动交流……足以让这一"带着体温的媒介"傲视群雄。3G、4G手机带来了信

---

① 汪民安:《手机:身体与社会》,《文艺研究》2009年第7期。
② 同上。
③ 田青毅、张小琴:《手机:个人移动多媒体》,清华大学出版社2009年版,第3页。

息传播方式和效率的革命性变化，其对传播方式的颠覆性、对人们生活影响的深远性，大大超越了以往的媒介。手机正以一种技术性的力量逐渐重塑着我们对时间和空间的认知，重新建构着新的社会关系和人们感知世界的方式。

自古以来人类就绞尽脑汁，企图撕开时间的牢笼，跨越地理的障碍，达成更多、更广泛的交流。[①] 从1876年贝尔发明电话以来，经过长达一个多世纪的发展，电话通讯服务已经走进了千家万户，成了国家经济、社会生活和人们交流信息不可或缺的重要工具，而在最近的三十多年里，电话技术和业务同样产生了重大的变化，通信地点由原来的固定方式转向移动方式。

最近十年手机的演变实在太快，十年前的手机能打电话、听音乐就很不错，五年前能照相、有播放视频的功能、能下载大型游戏就是好手机，而今天的手机集娱乐、购物于一身，让我们可以随时享受快捷、便利的服务，我们无法想象没有手机的年代，手机已经成为人们生活中不可缺少的物件。

回顾手机的发展历史，第一代移动通信系统为模拟手机时代，中国大概可以从1987年中国移动通信集团公司开始运营900MHz模拟移动电话业务算起，20世纪80年代末以摩托罗拉8000X为代表的"砖头机"售价两万多，它有个霸气的名字"大哥大"，使用者集中于先富裕起来的人士和党政机关、国企领导干部，这个时候的手机就是身份和地位的象征，与普通老百姓基本无缘。由于手机让人们彻底摆脱了电话线的束缚，大大扩展了个人通信的范围，为人们的生活带来了极大的方便，这一新的通信模式得到了迅猛的发展。一直到2001年6月30日，中国移动完全停止模拟移动电话网客户的国际、国内漫游业务为止，模拟移动电话系统主要采用模拟和频分多址（FDMA）技术，属于第一代移动通信技术。

第二代移动通信系统引入数字无线电技术组成的数字蜂窝移动通信系统，提供更高的网络容量，改善了话音质量和保密性，并为用户提供无缝的国际漫游，当今世界市场的第二代数字无线标准包括GSM和CD-

---

① 田青毅、张小琴：《手机：个人移动多媒体》，清华大学出版社2009年版，第5页。

8　手掌上的风景

图 0—2　中国大陆最早的移动电话"大哥大"

MA 两种。1994 年，我国的第一个 GSM 网络投入运营，此后 2G 网络开始逐渐替换第一代模拟网络。第二代（2G）手机开始具备一部分数据处理和接收能力，尤其是 SMS 在许多国家得到"杀手级"运用，极大地推动了手机的普及。1G 与 2G 的最明显区别在调制方式上，1G 是模拟调制方式，2G 是数字调制方式。2G 时代带来了短信、彩信、摄像头、蓝牙、MP3 播放器等功能和服务，移动电话变为综合性的个人移动通信终端。由此引发了一系列的市场变革，摩托罗拉在终端市场的垄断地位被打破，以诺基亚、三星为首的竞争者先后进入中国市场……全球最繁荣的手机终端消费市场逐渐在中国形成。[1] 从此之后，手机飞入寻常百姓家，再也不是稀罕的奢侈品，成为大众日常生活中不可缺少的通信工具。

3G 就是第三代移动通信系统，是能够支持高速数据传输的蜂窝移动通信技术，同第一代模拟制式手机（1G）和第二代 GSM、CDMA 等数字手机（2G）相比较，第三代手机（3G）的代表特征是提供高速数据业务，能够支持处理图像、音乐、视频流等多种媒体形式。3G 手机的特点是高速度、多媒体、个性化。3G 时代的来临使手机媒体具有网络媒体的许多特征，成为人们随身携带的交互式大众媒体。手机正在成为一种小

---

[1]　田青毅、张小琴：《手机：个人移动多媒体》，清华大学出版社 2009 年版，第 7 页。

图 0—3　第一款折叠式手机：摩托罗拉掌中宝 308c

巧的特殊迷你型电脑，成为网络的延伸。[①]

图 0—4　苹果手机 iPhone4

4G 手机就是支持 4G 网络传输的手机，从外观上看，4G 手机与常见的智能手机无异，它的主要特点在于屏幕大、分辨率高、内存大、主频高、处理器运转快、摄像头高清。4G 手机都内嵌了 TD-LTE 模块，这也是我国自主研发 4G 技术的硬件核心。选择网络时，屏幕信号显示 4G 即代表已连接 4G 网络。

---

①　匡文波：《手机媒体概论》，中国人民大学出版社 2006 年版，第 31 页。

10　手掌上的风景

图 0—5　苹果手机 iPhone6、iPhone6 Plus

　　移动电话经历了模拟机、GSM 数字机,再到 2.5G 的 CDMA 1x 和 GPRS,直到今天的 3G、4G 智能手机,如苹果、黑莓、三星等。纵观手机的发展历史,模拟机即"大哥大"时代手机的主要功能就是移动通话,移动通信的实用功能是其主要的功能;发展到数字机即 2G 时代,发短信、彩铃甚至上网,手机的审美功能得到增强,人们选择手机不再是简单追求通信的质量,除了外观设计的美观、大方之外,获得审美的愉悦成为重要的原因。智能手机的横空出世大大增强了手机的审美功能,手机在通信领域的实用功能让位于其强大的审美功能,成为人们选择手机的主要理由,人们在手机上不仅可以实现实用功利的目的,更为重要的是可以感受到审美的愉悦。余虹在《审美文化导论》中说道:"比如移动电话机,最早的'大砖头'早已被淘汰,现在的手机越来越像一个小巧的玩具,而且它的彩色屏幕和意味无穷的彩铃声,也使使用者几乎可以将其当作艺术品来把玩。"①

　　乔布斯用苹果手机改变了这个世界,充分体现出其"创造性破坏"的文化科技创新力量,以新产品颠覆了整个业界。在科技日新月异的背

---

　　①　余虹:《审美文化导论》,高等教育出版社 2006 年版,第 184—185 页。

景下，产品不只讲求实用功能，更讲求感性、设计、玩乐与人性化。iPhone系列手机不只有功能突破，通过下载软件成为无限伸延的通信与工作工具，更迎合玩乐需要成为游戏平台、社交工具，苹果手机的智能和应用，成为当下和未来手机发展的趋势和特点，通过一个小应用，可以把语音转换成文字，"植物大战僵尸""愤怒的小鸟"等网络游戏也能在手机上玩，通过手机上网，还可以淘宝购物。审美功能的不断强大使手机与人的关系越来越不像人与物的关系，而成为人与人、人与朋友的关系，手机的审美化发展也就是其人性化的发展，智能手机使手机走向成熟。

面对这样一个技术对文化、技术对人类的生存方式产生翻天覆地变化的时代，社会进入一个后现代的文化语境之中，特别是手机等新媒体的出现导致社会的数字化、网络化、智能化与移动化发展趋势，给整个人类社会带来的变化似乎已经超出了我们的想象，如今传统的美学体系已经被彻底解构，我们需要做的是积极的思考美学的今天与未来。当今知识体系是建立在技术与信息基础之上，面对这样一个技术不断推动着文化创新的新时代，当美学的传播媒介发生变化时，这种变化对美学本身会发生什么样的影响？这种影响又会以什么样的方式表现出来？当代美学的目光应该投向何方？文化科技创新领域出现的一些审美现象和审美经验应该如何描述？社会的发展，科学技术的进步，人类生活方式的变化，向审美社会学提出了一些新的课题，在过去并不存在，或并不显著，而在当代却十分突出，引起人们普遍的关注，围绕这些问题展开了激烈的争论。[①]

应当说，智能手机时代引发的审美现象和美感经验等问题就是这样的新课题，拓展出当代美学研究视阈的新设想，本书试图通过对智能手机时代移动审美方式综合、系统的研究，引发学界对智能手机与现代传媒美学研究、智能手机与当代美学与美育研究关系的新思考。

（二）媒介演化的"人性化"趋势就是"审美化"趋势吗？

原始人类最早的审美方式也许发端于工具的制造，人类最初的审美

---

① 叶朗：《现代美学体系》，北京大学出版社1988年版，第318页。

活动与工具制造活动紧密相关，原始文化专家贾兰坡教授的《人类的黎明》等权威专著指出，在人类的原始时期，工具是一切物质文化的起端，它孕育着人类的全部文明。

　　用我们今天的美学标准来看，原始人类制造和使用的工具并不是一开始就具有审美的价值，审美活动在工具制造中的产生经历了漫长的历史岁月。工具制造过程发生的审美活动，首先通过其形式显现出来，在这种制造工具的实践过程中，人们逐步发现并认识到合乎比例、对称、和谐等形式美规律的工具也有着更好的实用价值，于是由实践而形成的规律就用逻辑的形式固定下来，逐步成为人类社会"美的规律"。人类在制造和使用工具的过程中，人自身的形态也发生了变化，包括人脑的发育、灵巧的双手和视听等感觉器官系统等，这些都是人成为审美活动主体的前提条件。人一方面通过生产劳动认识与掌握世界规律，另一方面又在生产劳动过程中不断发展和完善自己的情感、意志和各种感觉能力，恩格斯谈到："只是由于劳动……人的手才达到这样高度的完善，以致像施魔法一样造就了拉斐尔的绘画、托瓦森的雕刻以及帕格尼尼的音乐。"[1]人在实现自我发展的生产劳动过程中，不仅要实现实用价值，而且也在生产活动过程及其结果上实现了某种意义上审美的价值。

　　审美活动产生的最根本的前提是生产劳动（制造工具和使用工具）。工具的制造和使用，有一个由偶然到必然，由少数个体到整个群体的过程。工具的制造和使用，不仅使猿变成了人，而且也为更大的人化的世界的开拓奠定了基础。劳动工具所造成的主体—对象关系使人一步步从自然中分化出来。人使用工具从事生产实践活动，创造了社会生活的物质基础。这是人类一切精神活动得以产生和存在的根本前提，当然也是审美活动得以产生和存在的根本前提。[2]

　　"在审美发生问题上，实用价值与审美价值的矛盾是对立统一的。这一矛盾随着人类生产劳动的产生而产生，并随着人类生产劳动的发展而

---

[1] 《马克思恩格斯选集》第4卷，人民出版社1995年版，第375页。
[2] 叶朗：《现代美学体系》，北京大学出版社1999年版，第383页。

发展。"① 在原始人制造工具的过程中，最初实用价值是主要的，审美价值朦胧地隐藏在背后，随着人类对事物外在形式感的感受和理解，"美"开始以感性的形式呈现在工具本身之上，工具的制造体现出人有意识、有目的的利用形式的过程，同时在这一过程与结果之中，情感上也产生出某种美的愉悦。人类技术水平的进步带来生产力的不断提高与工具的广泛使用，人类制造工具和使用工具的能力越来越强，随着实用价值的不断实现，曾经隐藏在背后的审美价值越来越引发人类的关注，一步步走向独立发展的道路，由实用形式感发展到审美形式感，正是人类审美走向成熟的重要一步。

媒介工具的演化史，也是审美功能逐渐超越其实用功能的媒介进步史，最初人类发明媒介工具是为了满足沟通、交流和传递信息的需要，随着媒介的演化和进步，其越来越朝着"人性化"方向发展。麦克卢汉学生的学生、当代美国传播学家保罗·莱文森用其后视镜理论看到了麦克卢汉"媒介决定论"的不足，他提出了"补偿性媒介"理论和"人性化趋势"演化理论。按照他的观点，"补偿性媒介"理论指的是人们发明的任何一种新媒介，都是对过去的某一种媒介或所有媒介都不具备的功能进行补救和补偿，使媒介趋于人性化，因而人能够主动去进行选择和改进媒介。"人性化趋势"理论表述了这样一个概念：人类技术开发的历史证明，技术发展的趋势是越来越人性化，技术在模仿甚至是复制人体的某些功能，是在模仿或复制人的感知模式和认知模式。② 他的理论有两层意思——在媒介演化中，人有两个目的或动机。一是满足渴求和幻想。用他的话来说，就是"我们借助发明媒介来拓展传播，使之超越耳闻目睹的生物极限，以此满足我们幻想中的渴求"。二是弥补失去的东西，也用他的话来说明："整个的媒介演化进程都可以看成是补救措施。"③ 或者可以这么说，人们借助发明新的媒介来满足心中的幻想和渴求，目的是

---

① 王德胜：《美学原理》，人民教育出版社2001年版，第45页。

② [美] 保罗·莱文森：《手机：挡不住的呼唤》，何道宽译，中国人民大学出版社2004年版，译者序。

③ [美] 保罗·莱文森：《数字麦克卢汉——信息化新纪元指南》，何道宽译，社会科学文献出版社2001年版，译者序。

使其更能够表达情感和带来快乐,更能够为丰富人的精神世界服务。由此可见,向"人性化"趋势不断发展的手机其优势就在于审美功能的不断增强,它所带来的感性化服务恰恰正是其美学化运用的体现。因此,可以这样说,如果互联网是对书籍、报纸、广播、电影、电视等一切传统媒体的补偿的话,那么手机就是对网络的补偿和改进,手机不仅给我们带来了移动通信和移动互联网,更为重要的是它能够更具"人性化"地让我们体验到审美的愉悦和满足。

随着技术的发展进步,人类不断创造出新的媒介,同时自己也在被媒介不断渗透和改变,改变着生活方式、思维方式和审美观念。对于手机,保罗·莱文森也不乏浪漫主义的畅想,他认为:"唯独手机把人从机器跟前和紧闭的室内解放出来,送到大自然中去。你可以在高山海滨、森林草原、田野牧场一边走路一边说话;你可以斩断把你束缚在室内和电脑前的'脐带'去漫游世界。只需要一个用一个大拇指操作的手机,你就可以'一指定乾坤'。"[①] "手机让我们从房间、大厦中解放出来,一般都是净盈利。"[②] 手机作为人类文明的技术结晶,以一种技术形态不断服务于人的全面发展,它改变着人们的感知方式和认知方式,手机的"人性化"优势就在于其美学化运用,它"人性化"的演化为个性的张扬和自由的表达提供了崭新的技术平台,移动审美方式让人们可以去充分展示个体的丰富性和复杂性,让作为个体的每个社会成员在审美的自由中都可以充满生气和活力。

手机用它的数字化、网络化、智能化和移动化改变着我们的生活,"数字化是信息化的一种方式……以重构一个虚拟的、没有物的世界。信息化、数字化使得人在这个以'重'为特征的世界中获得了空前的自由"[③]。手机带来的是一个数字化生存的崭新时代,将会为我们提供更加虚拟化、人性化的服务。随着现代通信技术的发展与手机的普及,手机作为"第五媒体"成为当今社会重要的传播工具,也成为人们日常生活

---

① [美]保罗·莱文森:《手机:挡不住的呼唤》,何道宽译,中国人民大学出版社2004年版,第6页。
② 同上书,第34页。
③ 吴伯凡:《孤独的狂欢》,中国人民大学出版社1997年版,第302—303页。

不可或缺的伴侣，成为独特的社会符号。信息传播方式的进步，新型媒体的出现，总会带来人们生存状态和生活方式的变化，为人们的审美表现和审美创造带来了新的前提和机遇，移动审美方式已经成为当今人们一种大众化、个性化的审美方式。手机作为人们日常生活必备品，作为个人生活必不可少的"影子媒体"，它必然承载着人们日常生活美化的使命，体现人们的审美趣味，手机为我们提供了新的审美方式，搭建了新的审美平台，创生出许多新的审美内容，改变着我们的审美生活。

那么媒介演化的"人性化"趋势是否就是"审美化"趋势呢？本书将以理论与实证相结合的方式进行分析与论证。

（三）移动审美方式：艺术嫁接技术的人文审美

科学技术不仅是人的自由本质的最重要的解放力量，而且它本身就是人自身的发展目标和方向。[①] 马克思十分重视科学技术在对人的本质的全面解放过程中起到的重要而积极的作用，在《1844年经济学哲学手稿》中他就指出："自然科学却通过工业日益在实践上进入人的生活，改造人的生活，并为人的解放做准备……"[②] 他认识到科学技术作为一种外部力量，在促使人的解放、实现人的自由本质的过程中所起到的积极作用，向我们揭示了科学技术的发展与进步是人的本质在一个更高层次上向自身复归的表现形式。

手机在技术方面、传播方式方面有着其他媒介不可比拟的优越性，如果悉心观察我们不难发现，它所衍生出的特点如个体性、便捷性、风格化、感官刺激性等，实质上在知识学归属上是属于广义的美学和艺术范域的，也就是说，手机这种依附在人身体上的"自媒体"，在对人们审美趣味变迁的即时捕捉、审美经验的深度发掘和感官刺激的切实关注等方面，已经无可争议地走在了其他媒体的前面。

英国文化理论家雷蒙德·威廉斯把文化界定为"对一种特殊生活方

[①] 梁玲、王多：《科学技术的人本内涵与网络时代艺术审美创造》，华东师范大学出版社2008年版，第7页。

[②] [德] 马克思：《1844年经济学哲学手稿》，刘丕坤译，人民出版社2000年版，第89页。

式的描述",文化分析就是阐明一种特殊生活方式,手机对应着一种以个人为中心的生活方式,这种生活方式在现代社会正呈现出渐渐扩散的趋势。手机作为个人移动多媒体,它的优势就在于承认差异、尊重个性,在其悄无声息的"个人化"扩张中,手机正在改变着现代人及现代人的生活。恰如未来学家尼葛洛庞帝在《数字化生存》中所言:"这里的个人化,不仅仅是指个人选择的丰富化,而且还包含了人与各种环境之间恰如其分的配合……人不再被物役,而是物为人所役。在科技的应用上,人再度回归到个人的自然与独立,不再只是人口统计学中的一个单位。"①手机正促使社会由机构向个人过渡,个人正在成为"新数字时代民主社会"的公民。

科学技术与人的关系一直以来是思想文化领域关注的焦点问题,现代科技的高速发展到底是加速了人的异化还是为人性的丰富和发展创造了新的机会,直到今天学者们仍争论不休,其实归根结底这是一个科技与人文的关系问题,"由于艺术与趣味和精神相关,科学与知识和物质进步有关,造成两者之间存在感性与理性、直觉与推论、综合与分析等矛盾对立面"②。技术与人文是冲突还是融合,是我们不得不面对的问题,也许二者的关系可以用"科技是发动机,人文是方向盘"③来进行概括。现代信息技术结晶——手机的广泛应用,数字化、智能化、网络化技术的最终成果应该是让人们获得"高技术"与"高人文"完美结合的文化科技产品。手机正是审美的元素不断向高度发展的技术渗透的代表,已经成为用技术来为美和艺术服务的手段、工具和载体,是手机的横空出世,让现代科技与艺术、现代科技与人文成了不可分割的统一体。

审美的自由,不仅是虚构和想象的自由,还是人的各种心理功能的自由运动,是生命的全部起动和自由迸发,是人性的全面展开。手机为审美提供了新颖的技术手段和便捷的传播渠道,不但为审美活动开辟出崭新的空间,而且提升了当代人精神的意义,打造出一个具有人文价值

---

① [美]尼葛洛庞帝:《数字化生存》,胡泳、范海燕译,海南出版社1997年版,第4页。
② 姚文放:《审美文化学导论》,社会科学文献出版社2011年版,第366页。
③ 曹文彪:《科学是发动机,人文是方向盘》,《钱江晚报》2006年7月31日。

的技术平台。"数字媒介的迅猛发展不断拓展技术审美的新空间,然而,如果这种技术审美仅仅止于媒介传播和时尚文化消费的意义,不能以自身的人文底色承载人类的审美情怀,建构一个人文审美的精神家园,其审美价值和美学意义就将是虚妄和无效的。"① 手机作为现代信息技术发展与进步的典型代表,它的人文审美价值集中体现在:1. 创造了更为自由的主体条件,扩大了审美主体性;2. 为美提供了较为宽泛的客体条件,丰富了审美的对象;3. 改变了社会价值关系的基础,为人与对象的实践关系向更广阔的审美关系过渡创造了前提条件,带来审美文化生活的深层变化。手机开辟出崭新的"移动"生活,科技进步带来审美与人的自由。

本研究聚焦于现代通信技术工具智能手机带来的一种崭新的移动审美方式与人们精神文化生活领域出现的新情况、新现象,用科技与人文相结合的理论架构和实证研究的方法来解释这种智能手机时代移动审美方式及其对我们的精神文化生活产生的种种影响,认识科学技术的本质与人的本质、美的本质的相互关系。

(四) 信息时代的呼唤:移动审美教育

与任何一种技术工具一样,手机也是一把双刃剑,如何选择和应用这种技术显得至关重要。海德格尔认为,现代机器的本质比人类创造的任何东西都更密切地渗透到人的存在状态中。技术进入到人类生存的最内在的领域,改变我们理解、思想和意愿的方式。② 它极大地扩展了我们活动的空间,推进了我们自由活动的进程,张扬了自由的意识,提升了自由的精神,创造出一个开放、个性化、多元化的新世界。智能手机带来可移动的网络空间,数字化生存的新方式既为人的个性化发展提供了广阔的空间,让开放、共享、兼容并包的审美取向深入人心,同时审美理想、审美价值观的缺失也让我们面临精神的危机,低级趣味、享乐主

---

① 欧阳友权:《数字媒介下的文艺转型》,中国社会科学出版社 2011 年版,第 294 页。
② 转引自傅守祥《审美化生存——消费时代大众文化的审美想象与哲学批判》,中国传媒大学出版社 2008 年版,第 108 页。

义与个人主义风靡一时，数字化生存演变为数字化疯狂，感性欲求被当作唯一的审美追求，低俗、庸俗、媚俗的另类情感泛滥，带来审美的感官化、平板化、欲望化趋势，导致审美的失范。手机虚拟空间里碎片式、片段式的情感体验也容易让人们把快感错当成美感，导致现代人的审美疲劳和审美沉迷。

　　手机作为"第五媒体"，当其媒介更新多于审美创新、传播方式胜于传播内容、休闲娱乐消解审美意义的时候，它得到的只能是审美本体的缺失和历史合理性的悬置。[1] "网络化生存"时代的技术崇拜带来对审美意识的消解和人文情感的漠视，感官至上引发快餐文化对经典艺术的冲击等，在一定程度上已经造成人类精神家园的失落和经典审美情怀的丢失。[2] 在科技的应用中，如果科技作为手段与人作为目的的关系被颠倒，必定使人在科技的工具理性面前产生迷惘与失落。当人类陶醉于现代科技的迷狂之中时，我们没有也不能发现其实机器也许是一种我们并不需要的东西，原先并不知道自己需要它们，等拿到并使用以后却发现自己已经离不开它们了，我们原先本身就拥有的东西却突然丢失了、不见了，于是最终的结果并不是我们掌握了机器，而是我们被机器所掌控。

　　数字化传媒技术是科学，也是美学，是人学，是人的生命之学、生存之学、心性之学。[3] 在数字化媒介工具中我们不仅应该看到科技美学，更应该体认到更深层的人本哲学。在日趋发达的科技影响下，美的形态和美的感觉正在发生革命性的裂变，当代人的审美文化生活发生巨大变化，这也为新时期的审美教育带来新的机遇。如何培养健康向上的审美方式，让人们自觉利用手机这样一个技术平台来更丰富、更完整地体验生活、享受生活，使人们更能够感受到有意味、有情趣的人生，随时随地都可以满足审美的需求和愿望，对生活的精彩和丰富产生出无限的爱恋和追求，同时还可以提升精神的境界，让生活更加完美，移动审美教

---

[1] 欧阳友权：《网络审美资源的技术美学批判》，《文学评论》2008年第2期。
[2] 转引自傅守祥《审美化生存——消费时代大众文化的审美想象与哲学批判》，中国传媒大学出版社2008年版，第108页。
[3] 欧阳友权：《数字化传媒技术的审美视界》，《东方丛刊》2010年第1期。

育就显得越发的重要和迫切。加强移动审美教育的情感熏陶，提高人们的媒介素养和审美素养，让技术的发展与人性的发展相辅相成，促进人的全面发展，培育出精神和谐、人格健全、胸襟广阔的新人，这样一个信息时代呼唤移动审美教育。

审美教育是人类完善自身的一个重要方面，是人类文明发展的产物，其本质特征在于它的过程是一个审美体验的过程，是潜移默化的发现美、感知美并创造美的过程，其目标是培养感性能力和发展完满的人性，其功能在于实现对现实世界的感知、鉴赏和创造能力以及完善人的心理素质和性格，培养健全高尚的人格，追求完美的人生。审美对于人的精神自由来说，对于人性的完满来说，都是必需的。没有审美活动，人就不能实现精神的自由，人也不能获得人性的完满，人就不是真正意义上的人。①

在这个飞速发展的现代社会里，人与人、人与社会、人与自然矛盾与冲突更加凸显，美育对于保持现代人内心的和谐所特有的"感性教育"性质和"审美育人"功能显得越发的重要。通过手机这个延伸了人的身体的技术平台，让美随时随地渗透到我们社会生活的方方面面并伴随我们的一生，引导我们不断去寻找人生的意义，去追求更高、更深、更远的东西，如果要追寻媒介工具的"人性化"发展趋势向何处去？也许最好的回答就是让媒介的"技术化"发展与媒介的"审美化"发展相辅相成、相得益彰，增强媒介工具启真、扬善、怡情的美育功能，凭借手机这种可移动的"第五媒体"，积极开展移动审美教育，打造出一个属于当代人的"移动精神家园"。

二 相关研究综述

在中国知识资源总库——CNKI 系列数据库中国期刊全文数据库中输入手机为关键词，共获得记录 21882 条；以手机传播为关键词共获得记录 30 条；以手机文化为关键词共获得记录 41 条；以审美方式为关键词共获

---

① 叶朗：《美学原理》，北京大学出版社 2009 年版，第 405 页。

得记录53条；以手机审美或手机审美方式为关键词共获得记录0条。在中国优秀硕士学位论文全文数据库输入关键词手机获得记录917条。在中国博士学位论文全文数据库获得记录10条。以手机文化为关键词共获得记录3条，包括山东师范大学田丽《手机文化对初中生的影响及教育对策——以济南12中为例》、上海师范大学马晓莺《手机文化的深度解析》、山东师范大学史德安《手机文化的审美阐释》。对手机的审美功能、手机文化的审美特性以及手机审美方式的研究目前还没有研究成果对此进行专门的论述，相关研究散布在美学、文艺学、艺术学和传播学、社会学关于媒介与审美问题的研究以及新媒体的审美特征研究、手机媒体功能与手机文化的审美研究等有关专著与论文之中。

（一）国外媒介与审美问题的研究

媒介与审美之间的关系问题是研究媒介问题中与人类的生存状态、生命状态紧密相关的命题，然而对此进行专门阐释的却不多，观点和思想散布在学者们相关话题的论述之中。

法兰克福学派面对电影、广播、摄影等大众传播媒介对人们精神生活的影响和冲击，以批判的眼光进行了阐释和分析。本雅明在其美学名篇《机械复制时代的艺术作品》中从考察古希腊用以复制艺术品的铸造与制模手艺为起点，经过文字复制的印刷术与图画复制的版画刻印术，直到19世纪中叶末叶的照相术、留声术的发明，最终认定，艺术复制技术从手工到机械的发展，是"量变到质变"的一个飞跃，引发我们在审美创造、审美欣赏、审美表现及审美接受方式等方面，方法与态度的根本转变，根本上动摇了对于传统艺术的基本观念。"在对艺术作品的机械复制时代凋谢的东西正是艺术作品的光韵。这是一个有明显特征的过程，其意义远远超出了艺术领域之外。总而言之，复制技术把所复制的东西从传统领域中解脱了出来。由于它制作了许许多多的复制品，因而它就用众多的复制物取代了独一无二的存在。"[①] 本雅明看到机械复制技术给

---

① ［德］瓦尔特·本雅明：《机械复制时代的艺术作品》，王才勇译，中国城市出版社2002年版，第10页。

传播了带来巨大的变化，冲击了传统以"光韵"为宗旨的，强调独一无二性的艺术观，开创了大量"复制"艺术并广泛传播的新时代。阿多诺和霍克海默提出文化工业的概念，用以批判资本主义社会下大众文化的商品化及标准化。认为文化工业把人塑造成程式化和单一化模式的人，人的富有生活情趣的个性特点以及创造性都被扼杀，取而代之的是大众媒介极力推崇的样板生活的拷贝，艺术作品被彻底世俗化、均质化和商业化，大众媒介对美学带来巨大的危机。显著特征是注重研究当代文化、大众文化、被主流文化排斥的亚文化或边缘文化。

雷蒙·威廉斯是英国文化研究学派代表人物，该学派关注文化中包含的权力关系及其运作机制，提倡一种跨学科或反学科的研究态度和方法，在《文化分析》中，威廉斯列出了"文化定义的三种分类"，针对电视对生活的广泛影响，提出了生活的戏剧化发展趋势观点，《距离》《电视：科技与文化形式》中体现了他的媒介思想，总体看来，威廉斯对电视文化的分析也是他自己文化理论的运用。伯明翰学派的研究主要涉及大众文化及与大众文化密切相关的大众日常生活，大众传播媒介始终是其研究焦点，尤其关注对电视的研究。霍尔是伯明翰学派的精神领袖，他将文化研究推向了当代传媒和大众日常生活领域，吸收了阿尔都塞和葛兰西的观点，其媒介理论转向媒介的"意识形态功能"分析。在《编码，解码》中他指出了三种可能的解码方式：主控—霸权式、协商式和对抗式，在他的理论中媒介充当了意识形态的角斗场。

加拿大多伦多传播学派具有深广的历史视野，重在研究媒介技术，关注技术、环境、媒介、知识、传播、文明的演进，主张泛技术论、泛环境论、泛媒介论，重视媒介长效而深沉的社会、文化和心理影响，有着深厚的人文关怀色彩和现实关怀。哈德罗·伊尼斯对媒介传播的特性如传播的偏向问题进行了深入研究，在其《传播的偏向》和《帝国与传播》中阐述了"传播的偏向"这一媒介分析的中心观点，提出了"偏向时间"和"偏向空间"的媒介，传播媒介的性质往往在文明中产生一种偏向，这种偏向或有利于时间观念，或有利于空间观念。多伦多传播学派最有影响力的人物无疑是麦克卢汉，他被称为信息社会、电子世界的"圣人""先驱"和"先知"。他是20世纪名副其实的传播学大师，是最富有原创性的传播学理论家。他提出了"媒介即是讯息""媒介是人的延伸""地球村""热媒介和冷媒介""后视镜""内爆""声觉空间"等重要理论。"声觉空间"理论是麦克卢汉在美学上的一大贡献,他认为与传统的纸质媒介相比,新媒介造成了文化和审美的声觉空间转向。麦克卢汉提出理解媒介,用后视镜理解过去媒介的影响,用艺术理解当前媒介的影响,他论证道:"电子媒介的出现立即把艺术从囚衣的束缚下解放出来,也创造了保罗·克利、布拉克、爱森斯坦、麦思克兄弟和乔伊斯的世界。"① 在麦克卢汉看来,电子媒介对艺术和审美有着重要的影响。

麦克卢汉的美国学生尼尔·波兹曼的主要著作包括《娱乐至死》《童年的消逝》《技术垄断》等,他指出,现实社会(书中主要以美国社会为例)的一切公众话语日渐以娱乐的方式出现,并成为一种文化精神。他聚焦于电视,认为电视的一般表达方式是娱乐。一切公众话语都日渐以娱乐的方式出现,并成为一种文化精神。一切文化内容都心甘情愿地成为娱乐的附庸,而且毫无怨言,甚至无声无息,"其结果是我们成了一个娱乐至死的物种"。"娱乐是电视上所有话语的超意识形态。不管是什么内容,也不管采取什么视角,电视上的一切都是为了给我们提供娱乐。"②波兹曼对媒介娱乐特性引发的社会问题进行了批判。麦克卢汉另外一名美国学生约书亚·梅罗维茨在其《消失的地域:电子媒介对社会行为的影响》中着重研究了新的信息流动模式对社会行为的影响,提出了将面对面的交往研究与媒介研究联系在一起的社会"场景"结构,认为电子媒介影响社会行为的机制是角色表演的社会舞台进行了重新组合,并由此带来了人们对"恰当行为"的认同。他认为媒介潜在的民主化倾向击垮了权威对文化的垄断,媒介传播促进了审美的大众化和民主化。

由于传播媒介的飞速发展对当代社会产生了重要而深远的影响,后现代理论家与媒介文化理论家把注意力集中在了媒介与审美关系的问题

---

① [加] 马歇尔·麦克卢汉:《理解媒介——论人的延伸》,秦格龙译,商务印书馆 2003 年版,第 89 页。

② [美] 尼尔·波兹曼:《娱乐至死》,章艳等译,广西师范大学出版社 2009 年版,第 77 页。

上进行研究。德国美学家沃尔夫冈·韦尔施对审美泛化、传媒现实和虚拟现实等进行了独到的阐释，重新设想和探索了由现代传媒和大众文化带来的后现代社会的美学新框架。韦尔施将审美化看作是在大众媒介的影响下发生的一个深刻的、社会文化变迁过程，对于美学、文化学及社会理论具有核心的意义。韦尔施在《重构美学》中指出我们今天生活在一个前所未闻的被美化了的真实世界里，今天的消费者通过购买使自己进入某种审美的生活方式。费瑟斯通在《消费文化与后现代主义》中提到了西方世界审美化的三个表现方面，其中之一就是日常生活符号和影像的泛滥。在大众传媒带来的审美化生活情景中，人们通过使用"影像、记号和符号商品，他们体现了梦想、欲望与离奇幻想；在自恋式让自我而不是他人感到满足时，表现的是那份罗曼蒂克式的纯真和情感实现"[1]，最终得到审美的快感和满足。

马克·波斯特将电子媒介分为"播放型媒介"（又称信息方式）和"互动性媒介"（即第二媒介），《信息方式》中他将信息作为一种生产方式，在《第二媒介时代》中他从后现代的理论视角系统地树立西方批判学派的思想，考察了新传播技术的意蕴，波斯特一面为新媒介冲击下主体理性的销蚀而悲叹，一面又为网络民主兴起而欣喜。肖恩·库比特在《数字美学》中论述了数字文化的伦理问题，他提出："当今全球化、网络化社会带来了一种新的伦理。这种伦理可以理解为一种美，我们对此新伦理或许只能作此理解。"[2] 库比特对数字文化的合理性与合目的性之间的关系进行了阐述。另外凯尔纳的"媒介奇观"和德波尔的"景观社会"理论都是针对传媒与审美的关系进行的有代表性的研究和论述。

国外关于媒介与审美问题的相关研究起步早，各种学派、各种学科背景和文化思潮对该问题从不同的方面进行了深入的研究和阐述，成为我们进行传媒与审美问题研究的重要理论资源和可供参考的思维范式。

---

[1] ［英］迈克·费瑟斯通：《消费文化与后现代主义》，刘精明译，译林出版社2000年版，第39页。

[2] ［新西兰］肖恩·库比特：《数字美学》，赵文书译，商务印书馆2007年版，第3页。

（二）国内媒介与审美问题的研究

国内学者在媒介与审美关系的探讨中，最近十多年出现了一些重要的成果，这些成果主要从美学、艺术学、文艺学、传播学、文化学等角度进行了直接论述或者旁涉论及，为我们关于移动审美方式的研究提供了重要的参考。

首先是学者们从美学角度出发进行的相关研究。曹增节《网络美学》从网络美学发生和演化、网络美学特征与价值、网络审美结构与功能、网络审美要素与边界、网络艺术作品与创作、网络艺术观赏与展示、网络艺术传播与评介等七个方面，介绍、论述了基于互联网的美学实验与理论，为网络媒介提供了新的美学理念。张江南、王惠《网络时代的美学》反思了网络美学这种新的艺术现象所面临的基本问题，对网络的哲学美学进行了阐释。并基于网络提出了"自由之思想，独立之精神"的新美育论。吴志翔《肆虐的狂欢——传媒美学谈》联系现实生活中的传媒现象与经验，论述了现代传媒对现代人身体境遇与精神现象的影响。曾耀农《现代传播美学》对传播美学范畴体系进行了多层次、多渠道的分析研究，希望"通过对人类传播方式的嬗变的研究，从美学的角度对当今传播方式做一个理想化的选择"[①]。张涵等《当代传播美学》对当代传播美学的研究对象、主要范畴与学科体系进行了架构，对如何建立和发展有中国特色的当代传播美学进行了论述。李益《现代传媒美学》中提到了现代传媒的审美问题。指出：1. 现代传播目的和审美的相容性。现代传媒的美是关于现代传媒形态及其表现现实的美，它主要通过信息传播的视听效果形象地表现给受众，以唤起受众的审美体验。2. 现代传媒的审美表现。现代传媒的美首先是一种传播的美，它渗透在传播媒介载体的方方面面，也融合在传播活动的整个过程中，是在信息传播过程中表现出来的美。现代传媒在追求传播效果最大化和信息传播艺术化效果过程中，充分体现了审美化的要求。[②]

[①] 曾耀农：《现代传播美学》，清华大学出版社 2008 年版，前言。
[②] 李益：《现代传媒美学》，四川大学出版社 2010 年版，第 9 页。

王一川在《新编美学教程》的第三章中专门谈到了"审美媒介",他认为:"作为一种具体可感的活动,审美沟通要求在人与对象之间建立起据以从事符码沟通和意义交流的物质通道,这一通道就是审美媒介。无论是审美体验还是审美鉴赏,总是要通过合适的媒介才能达成审美沟通。"①"任何美的事物、美的存在,任何具体的审美沟通活动,都需要审美媒介。"② 该书从媒介到审美媒介、审美媒介及其演变、审美媒介的作用、媒介共生与多态竞争、媒介文化等五个方面对审美媒介进行了详细的论述。周宪《文化表征与文化研究》描述了由于媒介文化、消费文化的来临导致审美文化研究向文化研究的转变,论述了文化媒介化与工具理性之间的关系,认为:"人类文化的发展史,在某种意义上说,就是交流方式发展变化的历史,是新的传播媒介涌现的历史,或者说,是文化越来越趋近于媒介化的历史。"③ 李勇《媒介时代的审美问题研究》聚焦于"媒介与审美"的问题,对它们之间的复杂关系展开深入的探讨和论述,从电子媒介的技术文化逻辑、电子文化的消费主义文化逻辑切入,以媒介影响下的社会生活为研究对象,概括了当代中国社会文化语境下媒介与审美之间的关系。

索邦理《电子传媒与审美方式的转变》,张兴华《图像狂欢——大众传媒与审美方式的转变》,甘锋、马营《论电视文化与人类审美方式的变迁》,甘锋《论视觉文化对传统审美方式的消解》等论文从电子媒介与人类审美方式变化的关系进行了论述,认为电子传媒刷新了既往的审美方式,促使今天人们的审美方式日益丰富化、多元化,引起人们欣赏经验的变化,人类的审美方式也发生了从静观到消遣的历史变迁,对于深入认识电子传媒带来新的审美方式的特性有启发意义,为本项研究提供了理论的参考。

王一川《大众媒介与审美现代性的生成》,荣建华《大众媒介与中国审美文化创新》,李益、夏光富《探析媒介变革与审美文化发展》等论文

---

① 王一川:《新编美学教程》,复旦大学出版社2007年版,第63页。
② 同上书,第65页。
③ 周宪:《文化表征与文化研究》,北京大学出版社2007年版,第229页。

指出大众媒介在审美文化创新的过程中显示了重要的作用,媒介变革的驱动力源于科技发展进步和人类传播需要,而审美文化创新则是人文精神的重要内容,没有大众媒介便没有审美现代性。以上论文探讨了媒介变革推动审美文化呈现出的新特征。

欧阳友权《数字化传媒技术的审美视界》、夏涵《数字时代的媒介审美——草根传播与公众趣味》等论文反思了技术对于人类审美的意义,认为技术作为"双刃剑",既丰富了人,又使人变得贫乏,人们的审美趣味在新媒介冲击下发生翻天覆地的变化,为本项研究技术与审美的关系思考提供了参考。

秦凤珍、何志钧在《人民日报》上发表文章《数字时代的网络美育》,指出:"网络美育形势不容乐观。加强网络美育、优化网络生态环境也因此成为一个迫切需要解决的课题。"[①] 该文从网络美育的可能性、网络美育的特点及网络美育的途径展开论述,但仍然缺少对手机美育现状的思考。李倍雷、徐立伟在《大众传媒背景下的审美教育研究》中论述了大众传媒背景下审美教育更应该关注"审丑"教育,认为:"媒体为了吸引人们的眼球,把刺激感官作为第一要义。'丑恶'、'色情'成为某些商家媒体的噱头。'丑'的出现,更为大众传媒背景下的审美教育拉响了警钟。"[②] 上述研究对大众媒介工具与当代审美教育之间的关系进行了新的思考。

从艺术学、文艺学的角度,贾秀清等《重构美学:数字媒体艺术本性》认为:"数字技术环境与数字媒体艺术相伴相生。全新的表达与交流空间、全新的表达与交流方式、全新的表达与交流界面,使人类艺术进入了又一个大变革、大整合、大发展的历史时期,而美学的当代流变与重构也必然发生。"[③] 开拓出数字媒体艺术美学一个全新的美学研究领域来。黄鸣奋《互联网艺术》从"互联网艺术的多元定位""互联网艺术的批判取向""互联网艺术的精彩世界""互联网艺术的多重制约""互

[①] 秦凤珍、何志钧:《数字时代的网络美育》,《人民日报》2012年1月20日。
[②] 李倍雷、徐立伟:《大众传媒背景下的审美教育研究》,载《全国美学大会论文集》(第七届),文化艺术出版社2010年版,第438—439页。
[③] 贾秀清等:《重构美学:数字媒体艺术本性》,中国广播电视出版社2006年版,前言。

联网艺术的建构努力""互联网艺术的繁荣条件""互联网艺术的发展前景"等七个方面对互联网艺术进行了综合、系统的论述。周伟业《网络美育：艺术教育的媒介视角》从网络媒介视角进行艺术教育的研究，全书以网络媒介的四个主要特征为切入点，以艺术教育活动设计为主线，深入探讨网络媒介对于学校艺术教育的影响，认为网络美育可以开拓艺术教育的活动领域，丰富艺术教育的内涵。该书在充分展示网络媒介艺术教育功能的基础上，深入剖析了网络媒介给艺术教育带来的种种困扰并提出了一系列具体可行的建议，但尚没有对手机媒体特性与审美教育的关系进行专门的论述。欧阳友权在《数字媒介下的文艺转型》中分析了手机媒体艺术，谈到了手机文本的审美方式包括："第一，私密会心的互动沟通；第二，简约凝练的语体风格；第三，睿智幽默的即兴表达。"① 该书对手机媒体艺术的研究是从数字化文艺的文本形态进行的。同时在书中也谈到新媒体为我们这个时代带来一种新的审美方式，新媒体提供了丰沛的审美资源，在创造性的文化空间里打造出新的审美载体和审美方式，数字化技术审美正在成为现代人审美的新选择和新形式，该书为移动审美方式概念的提出提供了理论的支持和参考。金惠敏《媒介的后果》探讨了媒介的后果，即新媒介对于文学会产生怎样的新的意味，从距离、图像、全球化等视角论述了媒介对文学的影响。杜书瀛在《论媒介及其对审美—艺术的意义》中谈道："媒介不仅是'讯息'，它直接就是生产力……一种新媒介的产生，可能意味着一种新的审美价值和艺术价值形态的诞生。"② 指出了媒介发展与艺术和审美之间的关系。

从传播学、文化学角度的研究也常常旁涉论及了媒介与审美的关系。如鲍宗豪主编《网络与当代社会文化》、李国亭等《信息社会：数字化生存的地球村》、江潜《数字家园：网络传播与文化》、潘知常《大众传媒与大众文化》、蒋源伦《媒介文化与消费时代》、南帆《双重视域：当代电子文化分析》、王岳川《媒介哲学》、李思屈《广告符号学》、李培林

---

① 欧阳友权：《数字媒介下的文艺转型》，中国社会科学出版社 2011 年版，第 131—132 页。

② 杜书瀛：《论媒介及其对审美—艺术的意义》，《文学评论》2007 年第 4 期。

《读图时代的媒体与受众》等,这部分研究从文化、传播等层面进行了媒介与审美的相关论述。

从美学的角度还举办了一些有影响力的学术会议,如2003年1月18日,由中华美学学会审美文化研究会、中国艺术研究院马克思主义文论研究所和北京师范大学文艺学研究中心大众文化研究室共同主办的"媒介变化与审美文化创新"学术研讨会在北京师范大学举行。陈雪虎作了《当代审美文化的定位、批判和反思——"媒介变化与审美文化创新"学术研讨会综述》,对北京大学张颐武、中山大学罗筠筠、北京师范大学王一川、中国人民大学张法、北京师范大学童庆炳、北京师范大学周星、清华大学肖鹰、中国社会科学院徐碧辉、首都师范大学王德胜、北京大学彭吉象等学者的发言进行了归纳和总结,认为各位学者对媒介发展与当代审美文化之间的关系重新进行了定位、批判和反思。

(三) 新媒体的审美特征研究

1909年美国社会学家库雷在《社会组织》一书中评价了媒介的作用,他指出当时的"新媒介"有如下优势:"表达性,它们能传送范围广泛的思想和感情;记录永久性,即超越时间;迅速性,即超越空间;分布性,即能达到所有各阶层的人们。"[1] 认为媒介不仅能表达感情,而且社会影响力很大。美国电子出版预言家和先行者罗杰·菲德勒在《媒介形态变化——认识新媒介》一书中论述了人类出版史上的三次媒介形态大变化,口头语言和第一次媒介形态大变化,书面语言和第二次媒介形态大变化,电子传播媒介引发的第三次媒介形态大变革。他认为电子媒介传播技术"超越了人类的一切语言,它有力量变革现存一切形式的传播媒介并且创造出崭新的形式"[2]。为我们认识新媒介、认识手机的媒介形态提供了基础,但缺乏对新媒体的审美研究。约翰·帕夫利克《新媒体技术:文化和商业前景》系统探究了迅速发展的新媒体技术所带来的商业和文化意

---

[1] 转引自[美]梅尔文·德弗勒、桑德拉·鲍尔-洛基奇《大众传播学诸论》,杜力平译,新华出版社1990年版,第27页。

[2] [美]罗杰·菲德勒:《媒介形态变化——认识新媒介》,明安香译,华夏出版社2000年版,中文版序。

义。不仅讨论了技术本身,而且还涉及技术与人们的生活、工作和沟通方式之间的关系。具体论述了新媒体技术的文化意义,新媒体文化的独一无二性包括"超虚幻、连接超空间中的概念、多媒体艺术形式、虚拟的艺术展馆"① 等,论述中涉及了新媒体的审美功能。

蒋宏、徐剑《新媒体导论》分理论篇和实务篇对新媒体进行了论述,从理论阐述和实务讲解两方面对新媒体进行了系统分析,但是没有新媒体与审美之间关系的论述。雷建军《视频互动媒介》归纳出以视频互动为主要特点的一类媒介——视频互动媒介,研究信息运动过程中人、界面、机器是如何存在的以及它们之间的相互关系。手机就是这种视频互动的媒介,但该成果重在传播学与社会学层面的思考,仍然缺少审美层面的叙述。李建秋、李晓红《新媒体传播导论》中提到了"新媒体传播的审美价值转向",指出:"传播活动同样具有审美价值,它要与受众的精神与审美追求相符,使之在得到信息需求与满足实用功能的时候也会感到精神的愉悦与情趣的满足。因此,新媒体同样也必须实现并创造审美价值。"② 认为新媒体带来的是一种技术性与工具性的审美方式,"新媒体的出现与其说是一场传播革命,还不如说是一场技术革命。新媒体传播不仅改变着传媒工作人员的工作方式,更重要的是改变着人们的审美方式"③。该书认为新媒体带来了新的审美方式,对本书有一定的启发意义,但对新媒体审美特性的研究还不够系统和深入。

李燕枫《新媒体审美特征的美学思考》、刘自力《新媒体带来的美学思考》、付丽《试析新媒介技术影响下的审美嬗变》等论文论述了新媒体的美感特征,认为新媒体增强了受众的美感体验,泛媒体时代出现的审美嬗变与新媒介技术的影响紧密相关。上述研究针对新媒体的审美特征进行了集中的思考与论述。

黄鸣奋在《新媒体艺术理论的起源》《新媒体与艺术的终结》中分析了新媒体艺术理论的发展,梳理了新媒体艺术的诞生历史,新媒体艺术

---

① [美]约翰·帕夫利克:《新媒体技术:文化和商业前景》,周勇等译,清华大学出版社2005年版,第297—299页。
② 李建秋、李晓红:《新媒体传播导论》,四川大学出版社2011年版,第130页。
③ 同上书,第133页。

的审美特色展现在审美交互主体性与审美体验主动性两方面。从新媒体艺术方面对新媒体的审美特征进行了归纳和分析。

从以上论述可以看到，新媒体给人类带来了新的审美体验和美学嬗变，但学界对于新媒体影响下人类审美方式变化的研究还缺乏系统的论述和阐释。

（四）手机媒体与手机文化的审美研究

二十多年来，随着移动通信技术的迅速发展和广泛应用，手机已经从简单的移动话音通信工具演化成集通信、各种文化信息服务、娱乐等为一体的大众传播工具，人们不仅可以利用手机进行话音通信，文字、音乐、图像和影视传播，并且可以利用手机上网、游戏、参与社会文化活动。手机不再是一种身份、地位的文化符号，而是广泛地渗入平常百姓家，成为人们日常生活的重要组成部分并造就了一种新的生活方式。与之相应，手机媒体传播的社会文化影响也开始引起国内外专家学者的关注，传播媒体的演进和新的审美方式也紧密相关，学者们把目光聚焦到这个新出现的、影响力巨大的领域并对其展开了论述。

麦克卢汉学生的学生保罗·莱文森，被称作"数字时代的麦克卢汉""后麦克卢汉第一人"，代表作有《数字麦克卢汉——信息化新纪元指南》《思想无羁》《软性的刀刃》《手机：挡不住的呼唤》《新新媒介》等，主要观点有：1. 媒介演化的"人性化趋势"理论；2. "补偿性媒介"理论；3. "后麦克卢汉"主义。莱文森用技术乐观主义扬弃了麦克卢汉的"技术决定论"，认为人可以对技术进行理性选择，人对技术具有控制的能力。莱文森是当代媒介理论家，他对当前的新媒介以及新新媒介进行了研究，特别是针对手机进行了研究，其中不乏关于手机媒介与审美之间关系的论述。莱文森对手机的文化效应和审美功能作了生动的分析："如今我们拿着手机，使声音、语音、图像和文字召之即来，我们站在媒介演化的第三阶段，站在其回廊欣赏美景。"[①] 莱文森的理论揭示了手机

---

① [美]保罗·莱文森：《手机：挡不住的呼唤》，何道宽译，中国人民大学出版社2004年版，第47页。

的文化特征和它的审美功能,为手机文化和手机媒体的审美特性的研究奠定了良好基础。在其《新新媒介》一书中,再次论述了手机导致审美空间与范围的扩大,"公众对 iPhone、黑莓等智能手机的喜爱很可能不会改变,因为智能手机赋予人自由,使人不必受家庭、办公室等传统传播场所的束缚,也不必受日常生活里许多其他场所的束缚;在手机和智能手机问世之前,这些场所对电子通讯是没有价值的"①。美国媒介学者丹·斯坦博克谈到了移动内容的革命,手机中动态的移动内容"多媒体信息服务(MMS)、MMS 静态图片以及动画、视频信息和视频 MMS、视频下载、视频在线播放、SK Telecom 移动电影频道、看我所看、视频电话、FOMA 视频电话服务、移动电话电视、移动广播和网络等"②,实际上也是罗列出手机崭新的审美方式与内容。

在 20 世纪与 21 世纪之交,中国学者们开始关注到手机的技术发展及其功能的不断强大,逐渐具备了媒体的功能。闵大洪在《手机正在成为媒体工具》中指出:"手机正在成为媒体工具。"③ 匡文波倾向于将手机媒体作为现有媒体的补充及延伸。"手机媒体不但诞生,而且其社会影响日益深远。手机媒体是借助手机进行信息传播的工具;而且手机媒体是网络媒体的延伸。"④ 朱海松提出"第五媒体"⑤ 论,这种观点从传播学的角度提出,手机是继报纸、广播、电视和互联网之后出现的新一代媒体。童晓渝、蔡佶、张磊在《第五媒体原理》一书中认为"手机,延伸了个人的信息空间,改变了传统传播活动中的各个环节及相互关系,同时也对传统的传播模式提出了诸多的疑问及挑战。由此,当这种兼具通信与传播双重功能的多媒体信息终端在社会中的功能及地位越来越强大

---

① [美]保罗·莱文森:《新新媒介》,何道宽译,复旦大学出版社 2011 年版,第 189—190 页。
② [美]丹·斯坦博克:《移动革命》,岳蕾等译,电子工业出版社 2006 年版,第 110—116 页。
③ 闵大洪:《手机正在成为媒体工具》,《中国传媒科技》2000 年第 6 期。
④ 匡文波:《手机媒体概论》,中国人民大学出版社 2006 年版,第 16 页。
⑤ 朱海松:《第五媒体:无线营销下的分众传媒与定向传播》,广东经济出版社 2005 年版,第 23 页。

之时，一个新型的传播媒体——第五媒体随之诞生"①。还论述了第五媒体和文化的关系，"现阶段，第五媒体崛起，移动传媒将成为人类传播系统的核心特征，附着于此的社会文化产物都呈现出一种全新的形态，从而使整个社会的文化空间也被注入了全新的元素"②。该书还从大众传媒的文化情结有打造流行、引导消费，制造新的意义空间等两方面，手机歌手与 S60 音乐，手机电视——移动娱乐文化的新宠，手机博客——对移动网络空间的促生和挑战等内容论述了手机作为"第五媒体"对人们的娱乐生活的改变与创新，这些都是手机带给人们的新的审美方式。陈勇视手机为掌上的世界，手机综合了其他媒体所有的优势，可以称之为"媒体之集大成者"③。项立刚认为，"手机是到目前为止所有媒体形式中最具普及性、最快捷、最为方便并具有一定强制性的媒体平台"④。孙浩祥认为手机已实现了由人际沟通工具向大众传媒的跨越。⑤

王萍在《传播与生活：中国当代社会手机文化研究》中对手机文化及其社会影响进行了研究，从手机文化的提出、手机媒介本体的技术文化、手机媒介传播的大众文化、手机媒介"使用与满足"的消费文化和手机文化建设的策略进行了研究，其中分析了手机文化审美的特征："一、情感体验娱乐化；二、民众参与普适化；三、自我表达感性化；四、文化风格时尚化；五、精神消费快餐化。"⑥ 肖弦奕，杨成在《手机电视——产业融合的移动革命》中谈到"移动"的媒介与内容，"现在意义上的手机，尤其是3G 终端已经具备了媒介的特征"⑦。"手机媒体的内容以多媒体的形式存在，文字、图片、音频、视频等各种媒体形式的内容都能从手机上获取，具有一种整合的信息传播优势。"⑧ "受众能通过短

---

① 童晓渝、蔡佶、张磊：《第五媒体原理》，人民邮电出版社 2006 年版，第 91 页。
② 同上书，第 208 页。
③ 陈勇：《手机媒体呼之欲出，掌上世界无线风光》，《每日新报》2006 年 8 月 20 日。
④ 项立刚谈第五媒，http://baike.baidu.com/view/564905.htm。
⑤ 孙浩祥：《手机媒体传播模式及市场营销分析》，《沈阳教育学院学报》2010 年第 6 期。
⑥ 王萍：《传播与生活——中国当代社会手机文化研究》华夏出版社 2008 年版，第 121—140 页。
⑦ 肖弦弈、杨成：《手机电视——产业融合的移动革命》，人民邮电出版社 2008 年版，第 35 页。
⑧ 同上书，第 38 页。

信、彩信甚至视频等方式，参与互动甚至再创造。此外，在移动通信中，每一个手机都是传播体系中的一环，所有人都是平等的……"① 这实际上谈到了手机带来的审美方式的独特性。田青毅、张小琴认为手机的发展就是从移动电话到个人移动多媒体，手机呈现出"个人化、便携化、网络化和多媒体化。它不再是有线电话的延伸，而是与互联网结合的新媒体"②。指出了手机的"自媒体"特性。

汪民安《手机：身体与社会》谈到手机已经成为身体的一个器官，手机增强了人的潜能，同时它也给现代人带来许多压力与束缚，从哲学的高度论述了手机与人和社会的关系，但缺少审美层面的论述。黄鸣奋论文《拇指文化、手机与社会存在》对瑞士圣加伦大学社会学家格罗茨、伯奇与英国电信专家洛克合编的《拇指文化：手机对社会的意义》进行了介绍，认为手机的出现和普及，是人们用拇指敲击出了一个沟通的新时代，但不是从审美的角度进行解读。夏光富、袁满《手机文化的特性与手机文化的产业化》指出了随着手机的普及使用而形成的一种大众的流动文化生活空间和生活样式。该文从手机文化的文化特性与手机文化产业切入，但缺乏手机文化审美特征的论述。

上海师范大学马晓莺的硕士学位论文《手机文化的深度解析》由绪论和上下篇共六章内容组成，上篇以手机技术形态为切入点，从技术文化、传播文化、流行文化等方面剖析了手机文化的理论背景，下篇以手机广告为案例来对理论背景下的这些文化现象进行剖析。在第四章《享乐、个性与时尚》中从享乐主义、个性主张、时尚宣言等方面对手机文化的特征作了审美的分析。但是该论文还缺乏学理层面的深度剖析。山东师范大学史德安的硕士学位论文《手机文化的审美阐释》以审美的眼光对手机文化进行读解，分析手机给人们审美生活带来的影响，该论文认为手机文化的美学价值主要体现为手机自身美学价值、手机符号价值、手机文艺美学价值等方面，而手机自身美学价值则体现在手机的科学美

---

① 肖弦弈、杨成：《手机电视——产业融合的移动革命》，人民邮电出版社2008年版，第38—39页。
② 田青毅、张小琴：《手机：个人移动多媒体》，清华大学出版社2009年版，第10页。

与形式美两方面。指出了手机文化审美特征具有审美时空莫测变幻、审美关照主体扩张、审美情境快速轮转和审美生活仪式性消失等四方面特征,该论文是首篇以审美为焦点透视手机媒体的论文,但论述的深度和广度还不够。浙江大学沈勇的博士学位论文《手机使用行为及其影响因素》是从应用心理学角度对用户使用手机的行为模式及影响因素进行了深入的探讨,构建了五个手机行为模式的心理模型,其中从侧面涉及了一些用户使用手机的审美心理状况,但缺乏专门的、详细的论述。

可以看到,学者们注意到手机媒体具备强大的审美功能,并对手机文化进行了审美阐释,涉及了由手机引发的审美新现象与新问题,作出了相关的分析与论述,但就智能手机带来的审美文化现状与审美方式变化的系统、深入的研究还很缺乏,而这与当今社会手机对人们审美生活产生的巨大影响很不相符。

(五)已有贡献与不足

从以上论述可以看出,学者们对于媒介与审美的关系进行了广泛的、深入的论证,媒介与审美二者之间具有相互影响、相互渗透的特性,共同对社会文化和人们的生活方式产生了重要的影响。学者们指出了不同时代的传播媒介为那个时代提供了丰沛的审美资源并打造出新的审美载体和审美方式,现代社会网络化、智能化、数字化的技术审美成为现代人审美的新选择与新形式。当今社会传播媒介的演变出现了种种审美新现象与新的审美方式,在艺术领域也出现了更多的表现方式与表现形式,审美的内容日益丰富化、个性化、多元化,人们既往的审美方式得到了刷新,同时带来与传统审美经验不同的感受与体会。国内外的相关探索从不同的学科、不同的角度进行分析论证,为本选题的研究提供了较好的理论基础,但就本选题而言,目前相关研究成果的不足在于,尚没有把现代通信与移动互联网应用同当代人审美方式变化及其社会文化影响作为一个重大专题来加以全面、系统、深入的研究。而从现实实践来看,移动通信对人们的影响与日俱增,全面系统地研究智能手机时代的"移动审美方式"是当代社会审美文化生活快速发展,审美实践发生新的变化的时代要求,在学术上可以培育美学研究的新生点,开拓美学研究的新领域。

三 研究价值与创新

(一) 理论价值

1. 为构建和发展现代传媒美学体系提供了理论支持

新的时代是现代传媒大发展、大变革的时代，新兴媒体层出不穷，与传统媒体一道推动人类信息传播手段和传播能力的发展进步，并对现代人的审美生活产生深刻的影响。手机作为影响力巨大的现代传媒工具，它的出现使信息的传播不仅更加及时准确，而且给人们的审美方式、行为方式、生活方式都带来深刻的影响，其覆盖面的广度、辐射力的强度、渗透性的深度，超过以往任何时期，并创生出新的审美内容，孕育新的审美精神，拓展新的审美文化空间，从而开辟了手机审美问题研究的新领域，"移动审美方式"的研究丰富和发展了新时期现代传媒美学的研究，为现代传媒美学体系的构建提供了理论支持。

2. 为手机美学的研究提供了基础

手机已介入普通人的日常生活，成为人们文化艺术生活环境的重要组成部分，手机也逐渐成为人们进行审美欣赏活动、审美创造活动和审美表现活动的重要渠道，无论是专业艺术家和普通艺术爱好者都能够自由地去创作、发布、交流及评论艺术作品。手机传播涌现出了崭新的艺术形式和大众审美现象，既丰富了既有的审美资源，同时也对传统艺术内涵进行了延展，并带来了大众审美观念、审美标准、审美理想的新变化，也生发出"人人都是艺术家"的后现代社会审美现状，如手机微博的迅猛发展，为人们的情感表达与释放提供出新的空间，也充分调动了大众的艺术创造热情，不断涌现出平民化的艺术作品，这一切都对传统美学提出了挑战。对"移动审美方式"的研究可以推动手机美学问题的研究，在学术上培育美学研究的生长点，开拓美学研究的新领域。

3. 丰富了当代审美教育的理论体系

本研究论证如何凭借智能手机这种可移动的"第五媒体"，增强其启真、扬善、怡情的美育功能，开辟出移动审美教育的新方式，随时随地滋养人们的心灵，提升人的精神境界，促进人的全面发展。具体的策略与方法有：（1）打造优秀手机审美文化产品；（2）媒介素养与审美素养相结合；（3）构建移动"大美育"体系。丰富了当代审美教育的理论体系。

（二）实践价值

1. "移动审美方式"的研究可以为大众开辟一种审美化的生存方式

"移动审美方式"的研究可以促进手机创意产业的发展，推进手机审美文化建设，通过手机内容产业的不断丰富去满足人们对手机审美文化产品的需求；也有利于推动手机审美文化产品和服务的创新，拓展优秀文化的传播渠道和领域，为大众开辟出一种审美化的生存方式。

2. 可以为引领大众的审美需求、提高大众的审美趣味，培育大众健康的审美价值观服务

现代社会人们面临激烈的竞争，生活节奏不断加快，工作的烦劳、心理的压力大大增加，超越现实生存的、自由的境界成为人们向往的理想状态。在科技发达、物质生活和精神生活日益丰富的今天，审美延伸到了日常生活之中，成为人们的普遍追求，人们越来越不满足于功利的、实用的目标，而是去追求审美的享受，审美成为现代人生活密不可分的一个重要组成部分。

本研究提出人文审美的理念，高科技也需要高情感、高感觉、高思维之间的平衡，只有充分考虑到人文因素，重视人的全面发展的需要，将科技的发展建立在人的科学素质和人文素质的融合基础之上，以人为本，追求和凸显人的完整性、全面性，科技的发展始终为人文审美服务，为人的精神文化提升服务，才是技术可持续发展的终极价值和目标。通过手机这个延伸了人的身体的技术平台，让美随时随地渗透到社会生活的方方面面并伴随我们的一生，并引领大众的审美需求，提高大众的审美趣味，培育大众健康的审美价值观，智能手机这样一个新的传播平台才能够引导我们不断去寻找人生的意义，去追求更高、更深、更远的东西。

3. "移动审美教育"的研究丰富和发展了新时期审美教育的方法和

手段

智能手机的诞生是一个可以用来随时随地进行审美教育,造就和谐人性的媒介工具,它将图、文、声、像融合在一起的多媒体技术与移动互联网的高速上网功能,为当代美育提供了技术层面的支撑,手机突破了时空的限制,可以用来无时无刻地为培育人们的创造力、想象力、直观洞察力和艺术欣赏、评判能力等审美能力服务,它还可以培养人的审美态度,并提升其审美情操、审美心胸和审美趣味。让"移动审美教育"渗透进家庭教育、学校教育和社会教育之中,开辟出一种当代审美教育的新方式,随时随地滋养人们的心灵,促进人的全面发展。

(三) 创新点

1. 首次提出了"移动审美方式"的概念

新的传播媒介的发明和应用必然改变文化的存在形态,新的媒介传播手段会诞生一大批新的媒介文化,会改变那个时代文化的存在方式,促使新的文化形式日益成熟和完善,从而改变人们的文化生活和文化生态。传播活动的变化常常伴随着生活场景的改变,人们表情达意的方式和对具体传播内容的理解方式也在改变,一个时代的传播媒介和传播模式必然衍生出相应的审美心理和审美方式。

本研究梳理了媒介演变与审美方式变迁之间的关系,在前语言传播时代、口语传播时代、文字传播时代、印刷传播时代、电子传播时代人类分别具备不同的审美方式基础上,在这个手机传播的时代,本书首次提出了"移动审美方式"的概念。"移动审美方式"就是指在现代通信与移动互联网络技术条件及后现代文化语境下,人们凭借移动互联网终端,以智能手机为最典型的应用,随时随地去生产、传播和交流审美信息并获得生理快感和精神愉悦的一种心理活动方式、行为方式和生存方式。

2. 首次提出了"移动审美教育"的概念

在这个飞速发展的现代社会里,人与人、人与社会、人与自然矛盾与冲突更加凸显,美育对于保持现代人内心的和谐所特有的"感性教育"性质和"审美育人"功能显得越发重要。通过手机这个延伸了人的身体的技术平台，让美随时随地渗透到社会生活的方方面面并伴随我们的一生，引导我们不断去寻找人生的意义，去追求更高、更深、更远的东西。如果要追寻媒介工具的"人性化"发展趋势，该向何处去？也许最好的回答就是让媒介的"技术化"发展与媒介的"审美化"发展相辅相成、相得益彰，增强媒介工具启真、扬善、怡情的美育功能，凭借智能手机这种可移动的"第五媒体"打造出一个当代人的"移动精神家园"。

本研究首次提出了"移动审美教育"的概念，就是基于移动审美方式，凭借智能手机平台强大的审美功能，随时随地都可以让人获得审美体验并在潜移默化之中受到美的熏陶和感染的一种新时期的审美教育方式。

3. 首次用理论和实证相结合的方法论证了媒介的"人性化"发展趋势也就是"审美化"的发展趋势

多伦多学派当代代表人物、麦克卢汉的继承者、美国媒介学家保罗·莱文森提出了媒介发展的"人性化趋势"演化理论。本研究首次用理论和实证相结合的方法进行论证，在理论方面，媒介的人性化也就是媒介的技术功能越来越符合人的需求和愿望，人越来越把媒介当作自己身体的一个部分，智能手机可以让人们自由地进行审美欣赏、审美表现和审美创造，充分展示个体的丰富性和复杂性，让作为个体的每个社会成员在审美的自由中都可以充满生气和活力。在实证方面，通过问卷调查及采用SPSS17.0软件包对数据进行统计分析，发现不同的媒介工具在审美功能上存在显著差异，其中智能手机的审美功能最强。本书首次用理论和实证相结合的方法论证了媒介的"人性化"发展趋势也就是"审美化"的发展趋势。

四 研究方法

（一）文献分析法

主要用来分析与归纳媒介演变与审美方式变迁之间的关系，移动审美方式产生的文化背景以及科学与人文、技术与审美的关系，综合运用国内外相关理论基础和实践成果，客观分析由智能手机引发的崭新的移动审美方式及其发展趋势。

（二）综合研究法

"移动审美方式"研究涉及多个研究领域，涵盖美学、传播学、信息学、心理学、文化学、教育学等多个学科，研究过程中，需要汇集多学科的学术资源，采取综合融通的研究方法。

（三）结构式访谈和问卷调查法

选取有代表性的智能手机用户，通过结构式访谈的方式描述智能手机对他们的审美认知体验、审美行为方式等带来的影响和变化，在访谈内容提炼、要素归纳、项目维度提出以及结果分析的基础上，结合相关研究文献与理论，编制智能手机移动审美行为方式调查问卷，对使用智能手机的主要群体进行调查并统计分析，在量化研究的基础上得出本课题实证研究的结论，把实证结论与理论研究相互结合，形成具有原创意义的核心概念和研究结论。

第一章

移动审美方式的产生及其文化背景

一 移动审美方式：概念的提出

假设把手机从现代社会近三十年的发展历史中抽掉，我们今天的世界未必会变得更糟糕，或者更美好，但可以肯定的是，如果没有手机，我们的生活一定会比较无趣，我们的世界也会比较无趣。回顾人类传播史，我们不难发现，信息技术的发展起着历史性的杠杆作用。信息技术的每次创新，都带来了信息传播的大革命，每一次革命都给人类的政治、经济、文化和社会生活带来不可估量的影响，推动了人类文明不断向更高层次迈进。[①] 手机原本只是用来进行移动通信的工具，又称作"移动电话"，经历了4代的发展，移动网络辅以数字化的智能手机在今天开始改变我们每个人的生活状态，这个多中心、个人化、强互动以及随时在线的新媒体，正在带来文化生活和审美方式的革新。

朱海松提出了"第五媒体"的概念，"以手机为视听终端、手机上网为平台的个性化信息传播载体，它是以分众为传播目标，以定向为传播效果，以互动为传播应用的大众传播媒介，也叫做手机媒体或移动网络媒体"[②]。手机报、手机杂志、手机小说、手机视频、手机音乐、手机游戏、手机微博、手机微信、手机 QQ 聊天、手机搜索、手机定制信息服务等强大功能带来大众化、个性化、互动化、创造性、参与性、即时化、

[①] 匡文波：《手机媒体概论》，中国人民大学出版社2006年版，第1页。
[②] 朱海松：《第五媒体：无线营销下的分众传媒与定向传播》，广东经济出版社2005年版，第23页。

视音频结合的多功能、触摸屏、图文并茂、语音识别的"人机交互"等多样感受,手机媒体快速崛起,并以其独有的媒介特质深刻改变着传统的传播方式、传播理念,手机正在实现由人际交流工具向大众媒体的转变,正在越来越多地引起学术界的关注。

"在审美中,人所独有的本质力量才能最充分地暴露出来;只有在审美中,人才能把现实与理想、内在与外在、个人与社会完全统一起来,从而充分体验到作为一个人所应有的尊严和价值。"[1]伟大的乔布斯充分认识到艺术的、审美的属性对于传播媒介的重要价值,他凭借自身才华与卓越的领导能力,在手机中不断注入高新技术含量并赋予其艺术性、审美性,手机变得越来越新颖和宜人,苹果产品被缔造成为创新、艺术与时尚的象征,iMac、iPod、iPhone、iPad、Apple Air 等技术产品将其个人趣味和大众趣味完美结合,在不断的创新中,高科技和审美让乔布斯成为这个时代最高明的欲望制造者,也开辟出这个"移动审美"的新时代。

(一) 审美、审美方式、移动审美方式

在这样一个全球化、消费化和后现代文化背景冲击下的当代社会,日益呈现出审美的日常生活化和日常生活的审美化现象,"审美"的概念也由传统的意义向现代的意义嬗变。众所周知,"Aesthetica"是德国哲学家鲍姆加通对"美学"的经典命名,他用来命名他所创立的新学科,并以此作为他有关著作的书名。后来在英文中通用的词是"Aesthetic",现在通常译为"美学","审美"是其另一译法,是鲍姆加通在 18 世纪 40 年代为了在沃尔夫的逻辑学(即"清晰的认识方法")前面增加一门科学(即"感性认识"的学科)[2]而创造的词汇。经过近半个世纪的传播,"审美"一词出现在英文词汇中,并于 19 世纪中叶被普遍采用。[3]

从历史发展的情况来看,"审美"的本义无疑是"感性",它的主要

---

[1] 朱立元:《美学》,高等教育出版社 2001 年版,第 109 页。
[2] [英] 鲍桑葵:《美学史》,张今译,商务印书馆 1985 年版,第 240 页。
[3] [英] 雷蒙·威廉斯:《关键词:文化与社会的词汇》,刘建基译,三联书店 2005 年版,第 1 页。

意蕴"是指可以经由感官觉察的实质东西,而非那些只能经由学习而得到的非物质、抽象之事物"①。"审美"的核心在于感性,二者天然相连,互文共存,在随后历史的发展过程中这种关系也得到继承和发展。经验主义称这种感性为"快感",鲍姆加通称之为"感性认识本身的完善",康德称之为"只涉及形式无功利的快感",黑格尔称之为"绝对理念的感性显现"……无论从历史上还是从逻辑上,审美的核心要素在"感受性",它既不同于认知理性,可以是一种直觉,又不同于工具理性、经济理性,有一种超越性,一种无功利性。审美是一种非逻辑性、非功利性的心理体验。

与日常生活中的感受相比较,审美的感受性是一种升华、培育和提炼的感性,是一种与自然感性拉开距离的特殊感性,这种内在的心理经验需借助感官乐于接受的形式配合规范的审美化外衣表述出来,美始终在寻找最佳的话语路径和表征外衣,从审美发生与媒介关系的角度可以窥见端倪。

表1—1 "审美"概念考察

学者	观点	客体审美特征	审美方式	主体的主观感受
柏拉图	审美是天才人物处于迷狂状态中对理念世界"美本身"的回忆	理念世界	回忆	迷狂状态
亚里士多德	审美是对客观现实美的观照,是快感、愉悦与求知的统一②	客观现实美	观照	快感、愉悦与求知的统一
康德	审美是一种只涉及形式,不触及厉害计较、欲念满足的情感判断,有个人主观性,是自由、无明确目的的活动,又有合目的性、普遍性③	只涉及形式	情感判断,是自由、无明确目的的活动,又有合目的性、普遍性	不触及厉害计较、欲念满足

---

① [英]雷蒙·威廉斯:《关键词:文化与社会的词汇》,刘建基译,三联书店2005年版,第1页。
② 朱立元:《美学大辞典》,上海辞书出版社2010年版,第69页。
③ 同上。

续表

学者	观点	客体审美特征	审美方式	主体的主观感受
车尔尼雪夫斯基	审美是现实中客观上的美好反映①	现实客观的美	反映	美好
席勒	审美是表现过剩精力的游戏②		游戏	表现过剩精力
黑格尔	审美是人能动地改变外在事物，并从对象中"复现自己""关照自己"的思维活动③		人能动地改变外在事物，"复现自己""关照自己"的思维活动	
克罗齐	审美是与概念、逻辑认识无关的"形象的直觉"④	形象	与概念、逻辑认识无关的"形象的直觉"	
弗洛伊德	审美可以使人无意识地把自己的内在情欲投射到对象上去，用以宣泄被压抑的、生而具有的、原始性的本能、欲望⑤		无意识地投射、宣泄	获得一种象征性的满足和快乐
鲍姆加通	美学的目的是感性认识本身的完善，而这完善也就是美⑥		感性认识的完善	
鲍桑葵	审美经验是一种快感，或者是一种对愉快事物的感觉⑦	愉快事物	感觉	快感

---

① 朱立元：《美学大辞典》，上海辞书出版社2010年版，第69页。
② 同上。
③ 同上。
④ 同上。
⑤ 同上。
⑥ ［德］鲍姆加通：《美学》，盛宁、王旭晓译，文化艺术出版社1987年版，第18页。
⑦ ［英］鲍桑葵：《美学三讲》，周煦良译，上海译文出版社1983年，第2页。

续表

学者	观点	客体审美特征	审美方式	主体的主观感受
马克思	美是"人的本质力量的对象化",审美活动导致人的全面发展①		对象化	人的本质力量的美
杜威	审美一词指一种鉴别、知觉、欣赏的经验②		鉴别、知觉、欣赏的经验	
张锡坤	审美指人所进行的一切审美创造和审美欣赏的实践活动③		审美创造和审美欣赏的实践活动	
邱明正	审美亦即审美活动。人发现、选择、感受、体验、判断、评价美和创造美的实践活动和心理活动④		发现、选择、感受、体验、判断、评价美和创造美的实践活动和心理活动	
金炳华	亦称"审美活动"。人发现、选择、感受、体验、判断、评价美和创造美的实践活动和心理活动。是人的社会实践活动、思想情感活动的一个重要方面,是美学研究的基本问题之一⑤		发现、选择、感受、体验、判断、评价美和创造美的实践活动和心理活动	
朱立元	审美:亦称"审美活动"。人发现、感受、体验、评价美和创造美的实践活动、精神活动⑥		发现、选择、感受、体验、判断、评价美和创造美的实践活动和心理活动	

---

① [德]马克思:《1844年经济学哲学手稿》,刘丕坤译,人民出版社1979年版,第79—80页。
② [美]杜威:《艺术即经验》,高建平译,商务印书馆2005年版,第50页。
③ 张锡坤:《新编美学辞典》,吉林人民出版社1987年版,第48页。
④ 邱明正:《美学小辞典》,上海辞书出版社2007年版,第210页。
⑤ 金炳华:《马克思主义哲学大辞典》,上海辞书出版社2003年版,第610页。
⑥ 朱立元:《美学大辞典》,上海辞书出版社2010年版,第69页。

第一章　移动审美方式的产生及其文化背景　　45

续表

学者	观点	客体审美特征	审美方式	主体的主观感受
董学文	马克思主义美学的基本观点：美是"人的本质力量的对象化"，因此审美就是人的本质力量的对象化的过程，"人的审美能力是人与生产劳动交互作用的产物"①		对象化	人的本质力量的美
吴山	审美指人对周围现实美的特性（如社会关系中、人的行为中、艺术中的美和丑、崇高和卑劣、悲剧性和喜剧性）的一种特殊感受②	现实美的特性	特殊感受	
潘菽、荆其诚	所谓审美主要是指美感的产生和体验③		产生和体验	美感
叶朗	审美是人类对世界的一种特殊体验④		特殊体验	
赵伶俐	审美是人对客观世界是否合乎自己的审美需要（生理快感和精神愉悦的需要）而进行的价值判断和情感体验活动⑤		价值判断和情感体验活动	合乎自己的审美需要
姚文放	所谓"审美"，就是人类基于完整、圆满的经验而表现出的一种身心洽适、灵肉协调、情理交融、知行合一的自由和谐的心理活动、行为方式和生存状态⑥		心理活动、行为方式和生存状态	身心洽适、灵肉协调、情理交融、知行合一的自由和谐

---

① 董学文：《马克思恩格斯著作中的美学问题》，北京大学出版社1982年版，第65页。
② 吴山：《中国工艺美术大辞典》，江苏美术出版社1989年版，第5页。
③ 潘菽、荆其诚：《中国大百科全书·心理学卷》，中国大百科全书出版社1991年版，第333页。
④ 叶朗：《现代美学体系》，北京大学出版社1999年版，第10页。
⑤ 赵伶俐：《人格与审美》，安徽教育出版社2009年版，第101页。
⑥ 姚文放：《"审美"概念的分析》，《求是学刊》2008年第1期。

续表

学者	观点	客体审美特征	审美方式	主体的主观感受
沃尔夫冈·韦尔施	"审美"是一个以家族相似性为特征的语词，其语义构成是相当复杂的。在《重构美学》中他分析"审美"的语义因素有：感性与升华、感觉和知觉、主观的、协调的、美的、装饰的和形构的、艺术的、符合美学的、情感的、美学的、虚拟的①			

　　从以上古今中外学者们审美概念的分析，我们可以发现其有如下三个主要特征：其一，无论是康德、席勒和黑格尔，还是鲍姆加通，他们都在努力地确定审美的领域与范畴，将审美与审美活动归属于人类感性思维、感性认识的领域而与理性思维、理性认识区分开来，确认审美有其独立的、专门的性质和特有的功能。从美学诞生之日起，可以说便确认了"美学"与"审美"的中心话题是审美经验，人类的审美活动是以审美经验为中心的活动。其二，从美学史上"审美"概念发展演变的考察中可以看出，不同时代的不同学者对"审美"概念的内涵界定往往很不清晰也很不稳定，时而有明确的边界、限定，时而又显得模糊和游移不定。从最早非功利、非实用，与理性认识相独立，与哲学、宗教相区别，一直到现代社会审美与所有的一切领域相互融通、打成一片，从日常生活中的精神之悦到感官之乐，从人性之需到本能之欲，曾经高雅、非功利的审美活动变为凭借感官的快感甚至本能冲动就能获得的欲望满足。其三，"审美"概念的内涵最早是狭义的、单一的、纯粹的、限定的，晚近则变为广义的、多元的、模糊的、宽泛的；最早是非功利、非实用、无概念、无目的的，晚近则变为实利的、有用的、日常的、流

---

　　① ［德］沃尔夫冈·韦尔施：《重构美学》，陆扬、张若冰译，上海译文出版社2002年版，第14—29页。

行的。①

纵观以上梳理的"审美"的概念和定义,西方和中国的美学家与学者们都将审美经验作为美学的中心,克罗齐、鲍桑葵、杜威、赵伶俐、潘菽、荆其诚等心理学家将审美主要看作是一种体验活动,或者是一种对愉快事物的感觉(生理快感和精神愉悦)。马克思、车尔尼雪夫斯基、董学文、邱明正、朱立元、金炳华、张锡坤等社会学者和美学家从实践出发,认为审美是发现、感受、体验、评价美和创造美的人的社会实践活动,以及伴随着的精神活动。亚里士多德、吴山、姚文放等学者从人与现实的关系、社会的关系出发,认为审美指人对周围现实美(如社会关系中、人的行为中、艺术中)的感受及其和谐的心理活动、行为方式和生存状态。沃尔夫冈·韦尔施、陶东风、王德胜等当代学者则力图证明当今的审美已经开始变为实利的、有用的、日常的和流行的。当代"美学"与"审美"研究重建了功利性、非超越性的日常感性与审美感性的关系,日常感性与社会生活强烈的互动性冲破了对审美的本质化思维,就带来审美与社会文化生活在更广阔范围内对话的可能性。

综合以上研究成果,对"审美"的概念可以作一个大致的界定,所谓"审美"就是主体对美的事物的感受、判断和体验而产生生理快感和精神愉悦的心理活动、行为方式和生存状态。

"审美方式"的概念与"审美"的概念有密切的关系,或者可以说,"审美"概念的嬗变与人类社会物质文明和精神文明的进步、发展紧密联系,而不同的时代与文化背景下,人们的"审美方式"也不一样。具体地说,"审美方式"就是主体感受、判断和体验美的事物的方法、手段或形式,是人们获得生理快感和精神愉悦的途径。

3G、4G网络的高速和无线互联,智能手机、内置3G模块的MID、上网本、笔记本,都可以成为其终端设备,目前智能手机是移动互联网运用最普遍、最重要的终端。"移动审美方式"与现代通信与移动互联网技术革命条件下智能手机的媒介特性紧密相关,也与后现代的文化语境息息相关,正是由于以智能手机为代表的终端设备具备强大的审美功能,

---

① 姚文放:《"审美"概念的嬗变及其美学意义》,《江苏社会科学》2008年第3期。

改变着人们的生活方式，才出现了一种大众化、通俗化、个性化、高科技与高文化紧密联系的新的审美方式。本项研究中"移动审美方式"就是指在现代通信与移动互联网络技术条件及后现代文化语境下，人们凭借移动互联网终端，以智能手机为最典型的应用，随时随地去生产、传播和交流审美信息并获得生理快感和精神愉悦的一种心理活动方式、行为方式和生存方式。

(二) 艺术掌握世界的一种新方式

"艺术掌握世界的方式"是马克思在1857—1858年撰写的《〈政治经济学批判〉导言》中提出的命题。他指出："整体，当它在头脑中作为被思维的整体而出现时，是思维着的头脑的产物，这个头脑用它所专有的方式掌握世界，而这种方式是不同于对世界的理论的，宗教的，实践—精神的掌握的。"[1] 马克思提出了一种与"实践—精神的"方式、"宗教的"方式和理论的（哲学的、科学的）方式有着本质区别的"艺术掌握世界的方式"。

马克思说："我的对象只能是我的一种本质力量的确证……所以，社会的人的感觉不同于非社会的人的感觉。只是由于人的本质的客观地展开的丰富性，如有音乐感的耳朵，能感受形式美的眼睛……人的感觉，感觉的人性，都只是由于它的对象的存在，由于人化的自然界，才产生出来。"[2] 人化的自然就是人类实践的产物，人类通过生产实践创造出整个自然界，也创造出人本身。人类对世界的实践掌握过程，也就是人化自然与创造人自身的过程，在人的生命活动展开的历史进程中，逐渐形成了自身独特的、独立的对世界的艺术掌握方式，艺术掌握世界的方式是一种精神实践，同时也是一种艺术生产实践，通过对美的事物的能动的认识，将个人的理性的精神实践认识物态化为艺术作品，通过艺术的实践活动与成果把主体精神方面的审美观念、审美标准、审美价值判断、审美理想及主体的个性和情感等体现与外化出来。

---

[1]《马克思恩格斯选集》第2卷，人民出版社1972年版，第104页。
[2]《马克思恩格斯选集》第42卷，人民出版社1979年版，第126页。

艺术掌握世界的实践活动，调动了主体的创作经验、创作方法和艺术语言等，同时把其审美理解、审美情感、审美理想、审美价值标准传达与外化出来。艺术实践活动创造出艺术掌握世界的主体，提高了其对形式美的领会能力、掌握能力，也增强了其在精神方面的体悟与感受能力，主体根据自己的审美趣味和审美观念对认识对象的本质加以抽象并予以合乎目的的重构，同时也创造出符合人的本质力量的对象化世界，即艺术掌握的客体，可见，艺术掌握世界是建立在实践掌握基础之上的。最初的制造和使用工具的活动开启了人类艺术掌握世界的通道，在这个过程中人不仅获得了生理上的快感满足，而且也由这种生理的本能快感向有意识地追求形式美的感性认识过渡，最后又有意识地向感性的快感同精神的享受相统一的具有形式美的审美对象过渡。

艺术掌握世界意味着作为社会文化产物的人刻意追求美的一种本性，按照一定的审美标准，通过幻想和想象对艺术对象进行加工，将社会生活中的美以艺术的形式加以提炼，典型化、形象化，创造出源于生活而又高于生活的艺术作品，并获得美的体验、情感的享受、精神的愉悦的过程，这些经过加工而成的艺术作品作为审美享受和精神消费的对象，成为人们情感世界的重要组成部分。① 艺术掌握世界的方式与人类其他掌握世界方式的最大不同就在于其具体可感的形象性特征和创作主体积极的情感活动。艺术掌握世界的方式就是用感性的形象形式去反映现实生活，艺术形象是用艺术方式去掌握世界、认识生活、反映生活的一种特殊形式，对称、和谐、协调、规则等艺术形象的感性形式，能够同人在漫长实践活动中积淀、建构起来的审美心理发生沟通引发美感，形成审美意识；同时人类对世界的艺术的掌握也就是情感的掌握，艺术掌握世界常常伴随着人的主观情感，伴随着人的感觉和观念，能够让人体验到或想象出愉快、欢乐、兴奋、失望、开朗、灰心等各种感情，给主体的实践活动烙上鲜明的个性色彩，由此决定了艺术掌握世界的方式也是个人化、主观化的掌握世界方式。

---

① 李火林：《论艺术掌握世界方式的特殊性及其人学意义》，《青海社会科学》1996年第1期。

在不同时代，不同技术条件以及文化背景下，人们通过不同的方法、手段和形式去参与艺术实践，获得美的体验、情感的享受和精神的愉悦，不同时代的审美方式其实质就是那个时代人们艺术掌握世界的一种方式，这正是人类在对世界的实践掌握过程中，在生命活动展开的历史进程中，对现实世界的独特的审美认识和能动的审美创造活动，并由此逐渐形成对世界的艺术掌握方式。审美方式就是这样一个时代主体凭借个人的感觉、体验、情感、想象、意志等与世界保持的一种特殊的认识关系。在智能手机传播时代，人们凭借移动审美方式去感受、体验、想象整个世界，在实践生活中与世界保持积极的联系，是这样一个时代人们艺术掌握世界的一种新方式。

二 传播媒介演变与审美方式变迁

媒介指的是信息源和信息接受者之间的中介，媒介是传播得以开展和进行的前提和基础，人类发展的历史是人与媒介相互依存度日益加深的历史。多伦多学派的伊尼斯与麦克卢汉在感悟前人成果的基础上，把媒介从从属的地位中清晰地提炼出来，使其成为有自我体系、自主意识和独立品格的"媒介"，使人们意识到媒介独立存在的形式、内容和意义，开启了真正的"媒介时代"。[①] 麦克卢汉在宣称"媒介是人的延伸"时其实就告诉了我们"媒介即文化"。新的传播媒介的发明和应用必然改变文化的存在形态，新的媒介传播手段会诞生一大批新的媒介文化，会改变那个时代文化的存在方式，促使新的文化形式日益成熟和完善，从而改变人们的文化生活和文化生态。传播活动的变化常常伴随着生活场景的改变，人们表情达意的方式和对具体传播内容的理解方式也在改变，导致人类审美生活的变化，一个时代的传播媒介及传播模式必然衍生出与之相应的审美心理和审美方式。

如果从文化传媒的演变维度去探讨人类精神文化进步史和美学发展史就会发现，一部美学发展史也可以说就是一部媒介演进与传播载体延

---

① 雷建军：《视频互动媒介》，清华大学出版社2007年版，前言。

伸的传播史，美学史上每一次转型可以说都与一定的传播技术和媒介工具的演进紧密联系。接触与使用大众传播媒介是人与社会交往的重要方式之一，媒介的发展演进对人类审美方式与审美文化起着十分重要的推动作用和积极的建构作用，人类文明的进步同传播媒介的变革紧密相连。媒介与审美文化之间具有一种天然的亲和力，媒介产生审美文化并传播审美文化，传播媒体的每一次革新都会带动新一轮审美文化的涌动。传播中的变革和每一种新的传播媒介的出现必然影响人们社会交往和思想情感交流的方式，并创造出新的社会行为类型和精神文化形态，进而影响到人们审美观念和审美取向的变化。[1]

麦克卢汉提出"媒介即讯息"，不仅是媒介传播的内容，媒介形式本身的变化也深深影响和改变着人们的生活。"若说媒介即讯息而不把两者截然分开，人们定会惊异不已；其实这只是说媒介乃是我们人体的延伸，一种新媒介对个人与社会的影响。"[2] 在历史长河中，每个时代都有其功能突出的审美媒介。从远古的工艺物品时代到当今人们常说的媒介文化时代，审美媒介经历了漫长的发展演变历程。借助审美媒介，人类的审美沟通活动逐步进化，丰富多彩。[3] 媒介对于人类社会的审美生活有着巨大的影响，新媒介的出现引发了诸多审美的新现象。

人类传播的发展历程大致经历了前语言传播时代、口语传播时代、文字传播时代、印刷传播时代、电子传播时代而进入今天的网络、手机传播时代，从古到今人类传播媒介经历了漫长的演化，每一个传播时代都有一种媒介作为主导和核心。技术变革不只是改变了人们的生活习惯，同时还改变了思维模式和感觉模式，对人们的思想和精神文化产生巨大而深刻的影响，不断进化着的媒介作用于人的不同感觉器官，刺激人类产生出快感和愉悦感，也正是这些核心媒介使人类的审美活动走上了不断发展和创新的道路，形成了丰富多彩的审美景观，带来了人类欣赏美、

---

[1] 何志钧、秦凤珍：《网络传播与审美文化新变初探》，《湖南文理学院学报》（社科版）2006 年第 5 期。

[2] Marshal Meluhan, *Understanding Media*: *The Extension of Man*, Cambridge, M.A.: The MIT Press, 1994: 7.

[3] 王一川：《新编美学教程》，复旦大学出版社 2007 年版，第 66 页。

表现美和创造美的不同方式。

"传播媒介与文化类型、艺术形式之间存在着必然联系。每一种媒介都会产生与之相适应的文化艺术样式和审美接受方式。而当新的传播媒介取代原有的媒介之时，伴随原有媒介所产生的文化艺术样式、审美接受方式都将不可避免地为新媒介的产生所取代。"[1] 审美作为一种重要的精神活动，是人类社会文明进步的标志。在人类发展历史过程中，对于美的发现、追求、创造和欣赏是人类进步的推动力、表征以及本质，美及与美相关的事物和关系对于人类生活极其重要。[2] 审美活动与传播活动密切关联，审美需要媒介，审美方式是主体感受、判断和体验美的事物的方法、手段或形式，是人们获得生理快感和精神愉悦的途径，一种新的传播媒介的诞生必然会带来一种全新的审美方式。

（一）前语言与语言传播时代

在语言产生之前，原始人类在漫长的相互交往和群体生活中，经历了形体语言、手势语言等无声语言阶段，我们将其称为前语言传播时代。这个时代人类传播与动物传播并没有本质的区别，原始人类只能靠简单音节、表情、动作或手势传递信息，表达喜怒哀乐。这个时期人就是媒介，媒介就是人，二者合而为一，人类依靠身体进行传播，凭借眼、耳、鼻、舌、身等感觉器官进行感知活动，依靠身体的各种姿势、喊叫及其他简单的音节来交流和分享信息。原始人在劳动号子中发现和创造了原始的音乐，依靠简单的人体律动，在原始的音乐下模仿着人自身生理动作、生活动作、生产动作而形成原始的舞蹈，在此过程中，早期人类不仅实现了生存的需要，而且获得了生理的快感与心理的愉悦、快感和美感，本能和意识在此阶段混沌地统一在一起，难以区分，身体本身成为人类进行审美活动的媒介和手段。德国艺术史学家格罗赛如此评价原始人对身体的装饰："在原始民族间，身体装饰，是真含有实际意义的——

---

[1] 甘锋：《论视觉文化对传统审美方式的消解》，《西北师大学报》（社科版）2007年第5期。

[2] 胡冬汶：《媒介发展与审美主体存在及其超越性问题思考》，《昌吉学院学报》2009年第3期。

第一，是作吸引的工具，第二，是作叫人惧怕的工具。无论哪一种，都不是无足轻重的赘物，而是一种最不可少的和最有效的生存竞争的武器。"① 这样一个阶段，实用的重要性往往大于审美。

口语是人类传播活动的第一个阶段，语言的产生使人类信息传播步入了正轨，语言在人类社会的进步发展中起着至关重要的作用，使人类摆脱了野蛮的状态。人类在生产实践的过程中认识世界和改造世界，逐渐提高了语言的抽象能力，建立起一套能够表达复杂含义的声音符号系统，促进了人类思维能力的发展。语言不单纯是一种传播媒介，同时也是人的思维本身，是人类生存发展的基本能力，语言的发展伴随的是人类对周围世界认识的深入与扩大，语言对应的就是一个"世界"，语言让人与"世界"有了一种"关系"。人类发明了语言，人就拥有了动物所没有的丰富的"语义世界"。"口头语言除了使人与人之间的外部沟通更加有效以外，也为人的内部沟通、为思想提供了更加有效的方式……掌握语言规则的能力大大提高了人类推理、计划和概念化的能力。"②

语言与以往的身体传播相较，具有突出的优点，人们可以进行分类、抽象、分析、综合，也可以记忆、传送和接受，语言的产生与运用，使人类的信息传播出现了崭新的面貌。首先，传播的内容大大丰富了，语言不但可以表达具体的、形象的、可感的信息，而且由于语言与思维是紧密联系的，它更能够表达抽象的、复杂的、理性层面的信息，人类经验得以通过语言交流和共享。于是人类的生活更加丰富，人类拥有了除物质和感官刺激以外更为丰富多彩的精神世界，大大提高了生活的质量。在审美活动中，语言弱化了单纯对感官刺激的依靠，通过符号的系统激发了思维与想象，有利于人类审美想象能力的提高与审美空间的扩大。同时语言属于声音的符号，是一种转瞬即逝的事物，不便于记录与保存，把审美活动限制在了一定的范围之内，难以让更多的人获得审美信息并得到审美享受。其次，语言的出现使人类开始具备一定的信息保存能力，

---

① ［德］格罗赛：《艺术的起源》，蔡慕晖译，商务印书馆 1985 年，第 80 页。
② ［美］罗杰·菲德勒：《媒介形态变化——认识新媒介》，明安香译，华夏出版社 2000 年版，第 48 页。

大量的生产生活经验和感受体会通过血缘关系、师徒关系等以口语的形式保存和继承下来，许许多多的神话传说、民间诗歌等艺术作品依靠口语代代相传，这对于人类文化的传承和人类审美能力的提高都意义重大。最后，语言传播中常常伴随着动作、手势、表情、视线、姿势等非语言体态符号参与传播，从而增加了信息的复杂性，扩大了信息量，在口语传播过程中不仅要听其言，也要观其行。人与人面对面边说边听的交流行为，是一种现场感的、在场的、面对面的主体间直接交流，具有更多身体化、感性化的特征，总是与手势、体态、音容笑貌相伴随，审美主客体之间有着浑然一体的特点，这样的交流模式促使人类形成了一种注重从整体上把握对象并重视第一手真实情感体验的感性化的思维方式与体验模式，也有助于形成一种依靠经验，从整体上进行综合把握的审美习惯。口语通过人自身进行传播，具有直观、形象、生动的特点，这种传播方式是基于人类先天具备的审美能力，每个人都可以传播和接收到审美信息。

"有了语言符号以后，人们就可以借助于语言符号处理同外部世界的事物的关系，把现实时间空间中的事物纳入到观念的时间空间里来，还可以通过语言符号的操作，对事物进行观念的加工处理，形成观念的东西，这种观念的东西又借助于语言符号而得到巩固和传播，形成一个以语言符号形式存在的客观精神世界。"[①] 口语传播阶段即文字发明以前的史前时期，原始歌谣、传说和神话是其代表性的文化形式。口语传播的方式规定了史前文化的诸多特征：1. 由于是口耳相传，传播的范围常常局限于本族群内部，题材和主题也与族群成员生活密切相关，具有公共性特征；2. 由于是口耳相传，不能形成文本，因此文化内容是集体创作的结晶，即在传播的过程中不断发生创作—接受—再创作，创作者与接收者彼此交叠、混而不分，共同创作；3. 由于是口耳相传，为便于记忆和诵读，这些口头作品常常采取韵文的形式。

口语传播阶段的文化传承以口口相传的形式进行，难以超越时空的限制，这样的传播模式是独立的、自由的传播，不易被控制，传播的内

[①] 夏甄陶主编：《认识发生论》，人民出版社1991年版，第536页。

容也较为自由和随意。面对面的、在场的、形象感的口口相传使审美具有场景性、情景性，强化了人与人之间的即时情感交流，拉近了人与人之间的距离。同时，在这样一种人际传播活动中，参与性、互动性很强，审美活动也具有强烈的参与性、互动性、现场感。由于口语传播只能适应小规模的、近距离的部落社会和社会群体，人们处于狭小地域和亲缘关系之中，于是这样的社会文化语境下的审美形态表现出集体审美、社会审美而不是个人审美的特征，人们更多地强调审美的共性而缺乏独立的审美个性。

在现代社会，讲故事的人也开始逐渐消失了。"讲故事代表一种传统的文化，它是口头文化时代的产物，一方面这种文化造就了特定的讲故事者和听众的社群，另一方面，讲故事这种交往方式本身代表了某种交流经验的能力。"[1] 本雅明在1936年写的一篇文章《讲故事的人》中感叹道："虽然这一称谓我们可能还熟悉，但活生生的、其声可闻其容可睹的讲故事的人无论如何是踪影难觅了。他早已成为某种离我们遥远——而且是越来越远的东西了。"[2] 在本雅明的慨叹中，我们可以感受到一种对过去已经失去的人与人之间口口相传美好传统的怀旧情愫，当今社会"讲故事的人"从人们的日常生活中逐渐消失了，那种延续千年的一边纺线织布一边听故事的情景化的传统审美生活已经不复存在。

(二) 文字传播时代

文字改变了语言的形式，使听觉符号转变为视觉符号，构成了一个相对独立的世界。如果说语言的产生使人类彻底摆脱了动物状态，那么文字的出现就使人类进入了一个更高的文明发展阶段。[3] 在文字传播时代，使用文字来实现文化传播与交流，文字的发明让文化传播进入到一个超越时空限制的阶段。施拉姆说："如果语言是人类最了不起的智慧成

---

[1] 周宪：《审美现代性批判》，商务印书馆2005年版，第190页。
[2] 陈永国等编：《本雅明文选》，中国社会科学出版社1999年版，第291页。
[3] 郭庆光：《传播学教程》，中国人民大学出版社1999年版，第30页。

就，文字就是我们最了不起的发明。"① 它克服了语言难以保存的弱点，使更广泛的、更大规模的信息传播成为可能。"文字的发明是人类文明史上的一次革命，它延伸了人际传播的距离。"② 文字作为人类掌握的第一套体外化符号系统，它的出现将人类的传播系统由身体内引向身体外，加快了人类利用体外化符号系统的步伐。

当人类社会发展到一定的阶段，人际交往范围扩大并越来越复杂的时候，仅有有声语言已经不能满足人们交流传播的需要了，为了把语言和人类的思想传播到更远的地方并把它固定下来，人类创造了文字。文字具有优于语言交流的特点：一是文字的记录功能；二是文字的可扩散性；三是文字传播信息渗透性强；四是可推敲修改的准确性。文字带来时间上的延时性和空间上的拓展性，大大促进了人类信息传播的发展与社会的进步。"书面信息的交换不要求发送者和接受者同在，因此传播从他们早期受到的时间和空间的限制中解放出来。书面文献将字词从他们的言者和它们最初的上下文中分离出来，削弱了记忆的重要性，允许对信息内容进行更加独立和更加从容的审视。书面文献也使思想和想法可以在它们的原创者死去之后留存下来。"③ 文字使信息得以保存，并推动了人们审美思维的发展。

首先，文字的出现发展了人类抽象思维与想象的能力，使信息传播突破了时空的限制，改变了早期人与人面对面的直接传播关系，文字带来一种不在场的交流形态，也就是人与文字符号的交流，从而导致由直接交流向间接远距离交流的转变。文字实现了传播主体与传播媒介的分离，与口语传播相区别的非身体化的文字传播，可以表达严密的逻辑思维，可以对信息进行抽象和概括，与具有感性化、日常化、现场化并充满温情气氛和人伦魅力的口语传播不同，文字传播有助于创生理智、谨严、克制、平易、开放的审美心性，开阔人们的视野，培养人们理性地

---

① 转引自黄星民《从礼乐传播看非语言大众传播形式的演变》，《新闻与传播研究》第2000年第3期。
② [美]施拉姆：《人类传播理论》，台北远流出版公司1994年版，第48页。
③ [美]罗杰·菲德勒：《媒介形态变化——认识新媒介》，明安香译，华夏出版社2000年版，第52页。

审视和处理复杂问题的能力。其次，文字的应用也促进了人类语言的发展，文字在准确化、精密化以及表达形式的丰富化方面与口语相比取得长足的进步。由于脱离了具体的传播场景，文字必须是表达得更加精准，逻辑性更加严密的符号系统，于是文字成为具有严密语法结构、表达方式和丰富词汇的媒介工具，文字传播时代促进理性的逻辑与感性的思维相结合，渗入人类审美精神之中，审美呈现出日趋抽象化、精神化、独立化、超然化的特征。最后，文字的出现使人类文化传承不再依赖容易变形的神话或传说，而有了确切可靠的资料和文献依据。[①] 文字时代的传播活动有了更为自由、灵活的形式，对文化传承、生产生活经验的交流、社会制度规范的形成产生了重要影响与作用。人类的艺术作品和审美观念可以通过文字加以保存和利用，审美文化可以在继承传统的基础上发展和创新，大大丰富了人类的审美文化内容，同时文字具有的教育推广功能也从某种程度普及了知识，提高了人们的审美能力。

文字的发明和使用，连同国家、城市、私有制和阶级的分化是人类进入文明时期的标志。随着社会分裂为不同阶级、阶层，文化也随之分裂，精英集团逐渐垄断了文化教育，也垄断了书写的文化（文言），并与大众的文化（口头白话）形成对立。书写文化成为阶级压迫的力量，与此同时口语传播时代集体式的文化创作开始收缩为个人创作、文人创作。文字第一次实现了体外化媒介，是符号与物质载体的结合体，文字在中国经历了"甲骨—石刻、青铜（金）—简牍—帛—纸"这样一个历程，为人们架起了一座与世界相联系的桥梁。文字成为人们日常生活获取信息及相互沟通的主要媒介，在这个时代书信就成为人与人远距离表情达意和寄托情感的方式，"家书抵万金""云中谁寄锦书来"则是文字传播时代审美方式的典型代表。同时，文字也带来文化传播的两极分化，因为只有能够识读文字符号才能参与到文字的传播活动之中，大部分劳动者由于不识字就被排除到传播领域之外，导致媒介特权阶层的产生。在传统社会，只有上流阶层才拥有学习的机会，文字被上层社会长期垄断，文字传播成为少数社会精英的特权，文字成为统治阶级进行文化和审美

---

① 郭庆光：《传播学教程》，中国人民大学出版社1999年版，第31页。

垄断的工具，审美也作为高雅的、精英的代名词而与一般普通百姓逐渐拉开了距离。

（三）印刷与电子传播时代

印刷术的发明也是源于人类文化传播的需要，文字出现后，最初依靠的是手抄传播，效率低、规模小，难以适应人们日益增长的精神文化需求及对文化普及的要求。印刷术是中华民族为全人类作出的重大贡献，印刷术的发明，不仅使人类的信息传播出现了"一日千里"的飞跃，极大地促进了人们的思想交流与开放，也实现了人类传播符号长久保存与大量复制的愿望，使得人类获得的信息量与知识量大大增加。先有蔡伦造纸，隋唐时期出现了雕版印刷，其后毕昇发明出活字印刷术，15世纪40年代德国人古登堡发明了印刷机，标志着印刷时代新纪元的到来。与大规模的印刷伴随出现的还有书籍、报纸、杂志等大众传播媒介，从此，人类步入了一个信息大规模复制与传播的时代，开启了机械复制的印刷时代。马克思对印刷术的贡献给予了高度评价，他说："印刷术则变成新教的工具，总的来说变成科学复兴的手段，变成对精神发展创造必要前提的最强大杠杆。"[1]

文字传播时代的文化传播不是一种大规模的活动，文化不易普及，容易被垄断。印刷术的发明，使审美性传播告别"贵族"而面向大众，人类从此真正步入了一个崭新的大众传播的时代。[2] 印刷传播的规模性、广泛性，实现了文字信息的大量生产和大量复制，极大地推动了信息传播和文化知识的普及，识字的人越来越多，从书籍中获取知识成为人们的一种基本素质和能力。人们文化知识的普及与提高推动了艺术的大发展，促进了艺术的民主化，扩大了人们对艺术的参与性与创造性，迎来一个文化艺术大发展、大繁荣的时期。"从深层次上说，印刷术更重要的文化价值在于它极大地促进了艺术的民主化进程。由于艺术内容和形式能够以快捷、便捷的方式迅速扎根生长于民众之中，大众广泛参与艺术

---

[1] 《马克思恩格斯选集》第47卷，人民出版社1979年版，第427页。
[2] 袁洁玲：《从审美需要的角度看媒介发展的规律》，《新闻爱好者》2007年7月下。

与审美的时代便来到了。"①

印刷术打破了精英集团对书写文化的垄断，11世纪中国毕昇发明活字印刷术，15世纪德国人古登堡发明印刷机，它们的时代背景都是商品经济日益繁荣，市民阶层日益成长，所以，印刷术的普遍运用意味着资本主义开始萌芽，或者可以说，印刷术的推广带来的文化大传播，促进了资本主义的产生与发展。印刷术带来一个书籍、报纸、杂志等大众传播的时代，媒介组织越来越机构化，巩固了传播者在传播中的主体地位，同时大众传播机构也极易受到政治、资本等的掌控和影响，传播模式单一化、反馈机制匮乏和信息权利一边倒，逐渐出现了一个以传者为中心的单向传播时代，受众的主体性逐渐缺失，日益陷入被边缘化的、被动的传播地位，大众的审美主体性也逐渐丧失，开始陷入被动接受的尴尬境地。

与此同时，事物往往具有两面性，印刷术导致文化知识的普及也让更多的人获得了话语权，正如本雅明所言："在漫长的历史长河中，人类的感性认识方式是随着人类群体的整个生活方式的改变而改变的。"② 印刷术使阅读成为人们一种普遍的休闲娱乐与文化生活的方式，阅读成为这个时代人们重要的生活方式和审美方式。阅读使高雅的、贵族性的审美活动日益回归市井，阅读小说等成为日常生活的重要组成部分，打破了以往少数人对文化与审美的垄断局面。印刷媒介环境中的人们重理性、重逻辑思维，带来人们思考能力和分析想象能力的提高，也使普遍理性、普适性审美理想更加深入人心，有利于人们进行审美的加工与创造，所谓"一千个读者心中就有一千个哈姆雷特"反映的就是这样一种审美方式。

电报、电话、电影、广播及电视等电子传播媒介的发明，把人类社会带入到精彩纷呈、丰富多彩的电子传播时代，电子传播使人类进入到一个全新的、前所未有的信息社会之中。"电子传播在传播方式上较少受

---

① 梁玲、王多：《科学技术的人本内涵与网络时代艺术审美创造》，华东师范大学出版社2008年版，第67页。
② ［德］瓦尔特·本雅明：《机械复制时代的艺术作品》，王才勇译，中国城市出版社2002年版，第12页。

到时空限制,它迅速以图像传播取代文字传播的主导地位,成为无可比拟的大众传播媒介。文字媒体是一种抽象的、间接的、线性的、静态的、易受时空限制、传播速度较慢的符号媒体;与之相较,电子影像媒体则是一种具像的、直接的、多维的、动态的、较少受时空限制、传播速度较快的符号媒体。"[1] 电子传播时代实现了信息的远距离快速传输,电子媒介带来的不仅仅是空间距离和速度的突破,它还形成了人类体外化的声音与影像信息系统,带来的是对视听感官的综合冲击。电子媒介是对以往所有的审美化传播媒介的综合,随着摄影摄像、录音和剪辑技术的进步,体外化声音与影像信息系统使审美化传播的内容更加丰富,感觉也更加直观,人类仿佛重新找回了口语时代以后已经丢失了的现场感。电子技术实现了动态的图像与声音的完美结合,人的视听感官能够全方位地感受到审美刺激并获得感官的享受与愉悦,也正因为如此,有人把电子媒介审美方式称为感官刺激的快感审美。电子传播在空间维度上实现了"地球村"的传播,在时间维度上让我们迈入追求速度的文化或"快餐文化",总之,人类迅速地步入了一个空前繁荣、影像泛滥的大众传媒时代。

　　电子传播带来意义极其深远的视觉文化时代,它宣告了语言和印刷文化中心地位的衰落,一方面传统的建立在印刷媒介基础上的文化霸权开始解体,它们不再是文化符号的唯一生产者,电子媒介使文化重新通过声音和形象得以传播,电子媒介传播方式上具有的普及性、大众性和民主性使得它成为大众文化可以利用的最重要的形式,文化由精英主义向大众文化过渡。"电影的问世,凸显、强化和提升了以图像或影像来传递信息、解释世界的方式,深刻地改变了文化的格局。"[2] 电影的诞生使人类重新关注视觉,人类文化重新回到了视觉时代。尤其是人的表情、姿态、动作和形体语言等让"可见的人类"重新回到了人类文明的文化之中。"电影将在我们的文化领域里开辟一个新的方向。每天晚上有成千上万的人坐在电影院里,不需要看许多文字说明,纯粹通过视觉来体验

---

[1] 舒也:《媒体的视觉化转型》,《福建论坛》(人文社会科学版) 2001 年第 3 期。
[2] 周宪:《视觉文化的转向》,北京大学出版社 2008 年版,第 4 页。

事件、性格、感情、情绪，甚至思想。因为文字不足以说明画面的精神内容，它只是还不很完美的艺术形式的一种过渡性工具。"①

电子传播时代不仅是传播方式、传播主体与传播功能改变了，而且受众的审美接受方式也相应变化，由主动到被动再到可以互动，大大提高了受众的审美自由。马克·波斯特说："当语言呈现为电子形式时，它就在改变自身的性质，并且语言引发主体的方式、话语构建主体性的立场的方式正在进行急剧转型。"② 电子传播媒介加快了社会的生活节奏与步伐，提高了社会生活的透明度，创生出开放、多元的审美取向。另一方面，电子传播时代大众把握世界的方式开始向视觉化、影像化、形象化转变，"记号的过度生产和影像与仿真的再生产，导致了固定意义的丧失，并使实在以审美的方式呈现出来。大众就在这一系列无穷无尽、连篇累牍的记号、影像的万花筒面前，被搞得神魂颠倒，找不出其中任何固定的意义联系"③。图像的"真实"取代了事实本身，画面带来的"虚拟现实"给人以身临其境的现场感和真实感，对世界的理解被图像逻辑所支配，于是传统意义上的理性的主体消失了，印刷时代的"审美距离"逐渐丧失，直观性、立体性、感官性的表现形式改变了传统的叙述模式，对人们的时空观念、思维方式和审美方式产生重要影响。

本雅明在其美学名篇《机械复制时代的艺术作品》中指出，艺术复制技术从手工到机械的发展，是"量邅变到质"的一个飞跃，引发我们在审美创造、审美欣赏、审美表现及审美接受方式等方面方法与态度的根本转变，根本上动摇了对于传统艺术的基本观念。"在对艺术作品的机械复制时代凋谢的东西正是艺术作品的光韵。这是一个有明显特征的过程，其意义远远超出了艺术领域之外。总而言之，复制技术把所复制的东西从传统领域中解脱了出来。由于它制作了许许多多的复制品，因而

---

① ［匈］巴拉兹:《电影美学》，中国电影出版社1979年版，第29页。
② ［美］马克·波斯特:《第二媒介时代》，范静哗译，南京大学出版社2000年版，第98页。
③ ［英］迈克·费瑟斯通:《消费文化与后现代主义》，刘精明译，译林出版社2000年版，第21页。

它就用众多的复制物取代了独一无二的存在。"[1] 电影、电视等电子传播媒介用其"机械复制技术"对艺术进行大量复制，生产出的是缺失了即时即地性的非"原真性"的艺术，"光韵"的消失伴随的是"膜拜价值"的消失，技术复制导致的仅仅是可展示性的大大增强，于是审美主客体的距离消解了，凝神沉思与细细品味艺术的韵味也离我们远去，人们再也难以获得超越一切功利目的的审美享受。电影、电视画面的流动性、逼真性、强烈的视觉冲击力和高保真的音响，带来的是一种零距离的审美方式，无须审美经验、想象力和思考的过程，感官的刺激超越了内心的感受，"韵味"转变为"震惊"。

麦克卢汉认为口头文化是建立于可描述的基础之上对时空展开认识；印刷文化由阅读带来的线性视觉提高了人的认识能力，带来人与时空关系的改变；电子文化时代人的视野伴随电子媒介传播而无限扩大，延展了人对自身以及现实时空的认识；不同文化时代分别决定了人对时空的不同体验并影响着人的精神世界。与此同时，凭借经验的记忆能力却不断萎缩，人们越来越趋向于被动的接受，而不是主动的创造，进一步消解了人的主体性，使人们迷恋于视听感官的冲击和享受，重感性、轻理性，容易滋生平面化、享乐化的审美追求，以及审美理想的缺失。由于沉溺于影像之中，缺少与现实环境社会的互动，人们往往满足于被动的接受而缺少主动的创造。在画面和音响刺激的环境中长大的一代新人是注重感觉的"感觉人"，行为方式往往是跟着感觉走，与其在印刷媒介环境中长大的重理性、重逻辑思维的父辈形成鲜明对比。图像的泛滥导致欲望的张扬和审美方式的转变，恰如费瑟斯通所说的"突出地强调了超负荷感官、审美投入、消解主体中心的梦幻知觉，人们总是热情投身于这一系列泛化的感官体验与情感体验"[2]。影像化、娱乐化、平面化的时尚美学风格逐渐取代了传统印刷文化时代的深度美学。电子图像传播弥补了文字传播抽象的、线性的、需要进行读解分析的缺陷，使原始时代

---

[1] [德] 瓦尔特·本雅明：《机械复制时代的艺术作品》，王才勇译，中国城市出版社 2002 年版，第 10 页。

[2] [英] 迈克·费瑟斯通：《消费文化与后现代主义》，刘精明译，译林出版社 2000 年版，第 35 页。

面对面的视听活动又一次回到身边，认识的对象由可读又还原为可视可听了，这是一种最为接近人的天性的传播活动。但观看与阅读的本质区别是现象与本质、肤浅与深度、直觉与思想的对立，电子视听媒介导致的是思想的匮乏和意义的浅薄。电子传播时代的审美方式就是一种重感官而轻思维，感性大于理性的审美方式。

电子传播方式上的革新并没有带来人与人面对面的直接平等交流机会，传播渠道仍然是单向的，而非双向的、互动式的，从传受关系看，这一传播过程伴随的是传者地位的不断强化和受者地位的不断边缘化，与印刷媒介相比，受者的被动地位并没有明显的改变。电子媒介时代的传播方式决定了这个时代的审美方式，主体仍然难以充分地进行自由的、独立的表达与创造，在被动的接受中主体性仍然沉睡不醒。

（四）智能手机时代：移动审美方式产生

电子媒介方兴未艾，网络、手机等新媒体传播时代就已经扑面而来。自20世纪90年代开始，一些传播学家就预言在21世纪初会出现一种将通信、网络和个人电脑的特性加以综合，一种混合起来的新装置，它能够给人们提供交互信息、娱乐、购物和个人应用服务，展现出一个不断扩展的新世界。如今预言已经成为现实，智能手机横空出世。同以往的传播方式相比，它具有更大的传播优越性，交互性、虚拟性、即时性、广泛性、综合性、平民化、个性化等传播特性使智能手机深刻地改变了人类的思维方式、生活方式与观念形态，手机微博、微信、QQ聊天、手机可视通话等为我们提供了全新的交流模式，开创了人类认识世界和感知世界的新方式、新途径和新手段。德国文化理论家利德里希·基特勒在《记录系统》一书中指出："媒体形式的变化是人类文化变迁和发展的根本原因和基本动力。电子信息技术的完善和互联网的出现，带来人类文化形态的'哥白尼式的转折'。"[①] 随着现代通信与网络技术的广泛运用，文化的生产、传播以及艺术的存在形态和方式都受到强烈的冲击并

---

① 申丹、秦海鹰：《欧美文学论丛》第三辑《欧美文论研究》，人民文学出版社2003年版，第206—208页。

产生深刻的变化，人们的认知方式、思维方式、生活方式、行为方式及信息接受方式都在经历巨大的变革。

卡西尔宣称："作为一个整体的人类文化，可以称之为人不断自我解放的历程。"① 人类的文化发展史，就是一部不断超越生命和向更高的层次不断迈进的历史。在文化的发展中，人类总是希望能够获得更多的审美体验，实现更高的审美追求，以满足不断提升的精神需求，从而获得自我的解放与超越。审美媒介作为精神文化传播的物质载体，其对人的生命系统满足程度越高，审美效果就越好，所以媒介的发展从审美的角度来看，趋势是能够充分地张扬人性，带来整个人的生命系统的全面展开以及更高层次的满足和超越。正如莱文森"补偿性"理论提到的，智能手机是对以往任何一种传播媒介的补偿，对过去媒介所不具有的功能进行补救和补偿。智能手机作为最新的"第五媒体"，具备以往任何一种媒介的功能，同时移动互联网的高速接入、随身携带的方便快捷、整合以往媒介功能的强大多媒体能力等特征，将人类带进一个移动传播的新世界。

人类传播活动的发展始终包含着两个重要的向度，对摆脱时空约束的希冀和对传播交互性的追寻。人与人在远距离的即时交流中，既跨越了空间，又超越了时间，获得"天涯若比邻"的自由感，也激发起无限的表达欲望，人类表情达意的热情和愿望被彻底激发，正如费瑟斯通所言："距离消解有益于对那些被置于常规的审美对象之外的物体与体验进行观察。这种审美方式表明了与客体的直接融合，通过表达欲望来投入到直接的体验之中。"② 这是一种审美主客体完全交融的审美方式。对时间的超越，对空间的克服，即时传播获得的是即时的互动，人与人之间的现实距离与心理距离从来都没有像现在这样近，彻底的交互带来的是情感的彻底释放，一种没有束缚的自由感，一种畅所欲言的表达感油然而生，人类收获的是完整的人性满足。智能手机的高速、清晰、流畅、

---

① ［德］恩斯特·卡西尔：《人论》，甘阳译，上海译文出版社 1985 年版，第 288 页。
② ［英］迈克·费瑟斯通：《消费文化与后现代主义》，刘精明译，译林出版社 2000 年版，第 104 页。

逼真，使移动审美方式获得的是一种流动的美、流畅的美，这是一种不同以往的瞬间感受、流动审美以及身心合一的全新体验。智能手机实现了人类超越时空、超越自身的愿望，带来更为丰富的、完整的、自由的主体，"人们从此可以将自我视为多重的、可变的、碎片化的"，某种完全崭新的"整体的"或"真实的""后现代"自我正在构建之中。[1] 智能手机塑造出"整体的""真实的""后现代"的现代人，也是拥有全新的审美观念、审美价值标准与审美理想的现代人，也是更为丰富、完整的现代人，由智能手机引发的"移动审美方式"是一种参与性、创造性、欣赏性不断强化的审美方式。

保罗·莱文森提出了媒介发展的"人性化趋势"演化理论，认为越是人性化的媒介，越是能够有机地与人的身体融为一体，越是能被人当作自己身体的一个部分，就越能最大化地帮助人、造福人，也就越是人性化的技术。智能手机取消了审美传播的主客限制和时空限制，它无可争议地全面满足了人的生命需求，并且在虚拟的空间里开始实现对生物依赖性的超越。手机带来一个个人主导信息的时代，从文字、图片到音频和视频，手机强调以"个人化"的方式来探寻和实现自身的价值，追求个性的自由表现和创造，将个人的知识积累、思想和文化即时、迅速转化为大众化的符号，缔造更为多元化的信息传播网络，不断地丰富着、充实着我们的生活。毋庸置疑，这个世界随着媒介与人的相互依存度不断加深，"媒介越来越不像媒介，而是更像生活"[2]，人性化发展的媒介可以与人进行流畅的交流，媒介越来越不像机器，而像是人类的朋友，媒介与人的关系不再是人与物的关系，更加像是人与人的关系。

"审美活动以对主体存在的充分肯定为前提，以对人的价值的高扬为旨趣，它所创造的是一个个性丰满、生命充盈人的世界。"[3] 移动审美方式把审美和艺术从象牙塔尖请到我们的日常生活中来，呈现出了审美的

---

[1] [美] 马克·波斯特：《第二媒介时代》，范静哗译，南京大学出版社2000年版，第85—106页。

[2] [美] 约书亚·梅罗维茨：《消失的地域：电子媒介对社会行为的影响》，肖志军译，清华大学出版社2002年版，第116页。

[3] 朱立元：《美学》，高等教育出版社2001年版，第92页。

日常生活化,这是一种深深受到消费逻辑影响的审美方式,它更趋向于对感性需求的满足,更像是在放松与休闲,移动审美方式塑造出一个个更加个性化、多元化、丰富的审美主体。

移动审美方式还导致人们审美意识的改变。首先是带来平民化的审美意识。由于普通用户可以随时随地参与手机文艺作品的创作,人们的所写、所发、所感完全出自内心对生活的真实情感,是一种个人的自主行为,这样的创作无疑具有平民化的审美意识。在移动互联网络空间里,任何人都拥有话语权,人们可以自由平等的张扬自己的审美主张。其次是造成片断化的审美意识。手机创作的大众化、即时性、随意性和3G、4G网络的高速上传和即时更新以及网络浏览的非连续性等特点,迫使人们去适应"片段化"的欣赏,人们不再追求结构严谨、情节连贯、首尾呼应等传统审美意识,篇幅短小、内容松散甚至语言粗糙的文本片段也可以因其真实、个性的特征赢得用户的喜爱。最后是催生平面化的审美意识。创作的平民化也就意味着作品的平面化,是一种后现代文化形态的审美意识。平面化即无深度的自由体验,评价的标准纯粹以个人感受为准,是一种平面化的精神、心理、情感和感觉的活动或行为,从某种意义上来说,也是对被束缚和压制的人性的一次解放,是一种释放紧张心情的审美方式。

媒介与人的相互影响的过程,也改变了虚拟与现实的关系,生活不再仅仅是物理空间的行为,而是物理与虚拟空间的行为集合。智能手机进一步推进了虚拟与现实的融合,虚拟世界成了现实世界真正的延伸,而现实世界"从最坏到最好的,从最精英到最流行的事物,在这个将沟通心灵的过去、现在与未来展现全部连接在巨大的非历史性超文本的数码宇宙里,所有的文化表现都汇聚在一起。如此一来,它们便构造出一个新象征环境:让我们的现实成为虚拟"[①]。虚拟与现实的结合给现代人呈现出一个崭新的世界来。

智能手机带给我们的是更加多元、个性化、丰富的现代生活,它打

---

① [美]曼纽尔·卡斯特:《网络社会的崛起》,夏铸九等译,社会科学文献出版社2003年版,第461页。

破了传统媒体建构的等级界限,人之为人的权利和民主、自由的表达精神在小小的这么一个媒介工具上得到了充分的尊重和体现。随着现代通信技术的发展与手机的普及,手机已经成为社会信息传播的重要工具,成为我们生活中不可或缺的伴侣,成为独特的社会符号。智能手机在新的审美空间不断激发出自由、个性、民主、奉献等现代审美意识,极大地拓展了现代人的审美精神,为我们提供了新的移动审美方式,搭建了新的移动审美平台,创生出许多新的移动审美内容,改变着我们的审美生活。让人们在"移动审美"中去自由地进行欣赏、表现和创造,充分展示个体的丰富性和复杂性,让作为个体的每个社会成员在审美的自由中都可以充满生气和活力,让世界迈入一个"移动审美"的新时代。

三 移动审美方式产生的文化语境

在学术发展史上,文化一直是一个极为复杂的概念。针对文化,英国著名文化学者威廉斯有一句名言:"困难之处在于我们必须不断扩展它的意义,直至它与我们的日常生活几乎成为同义的。"[1] 威廉斯说,"英语中有两三个比较复杂的词,(culture)文化是其中之一"[2],并给文化提供了三个广义上的定义。首先,文化可以用来指"智慧、精神和美学的一个总的发展过程";其次,文化也可以指"某一个特定的生活方式,无论它是一个民族的,还是一个时期的,或是一个群体的";再次,文化可以指"智慧、特别是艺术活动的成果和实践"。也就是说,文化是表义的实践活动。[3]

"广义"的文化概念大多是从不同的角度来指代人类文明的一切产物,包括了人类所有的观念与行为。泰勒在《原始文化》中对文化是这样定义的:"文化或文明,就其广泛的民族学意义来讲,是一复合整体,

---

[1] [英]约翰·斯道雷:《文化理论与通俗文化导论》,杨竹山等译,南京大学出版社2001年版,第2页。

[2] [英]雷蒙·威廉斯:《关键词》,刘建基译,上海三联书店2005年版,第101页。

[3] [英]约翰·斯道雷:《文化理论与通俗文化导论》,杨竹山等译,南京大学出版社2001年版,第3页。

包括知识、信仰、艺术、道德、法律、习惯以及作为一个社会成员的人所习得的其他一切能力和习惯。"① 英国诗人艾略特则认为文化是"一个民族的全部生活方式,从出生到走进坟墓,从清早到夜晚,甚至在睡梦中"②。"狭义"的文化则主要是指人的智力、艺术活动及其产品。③ 当文化被定义为一种生活方式时,文化几乎就意味着我们每天参与和从事的所有的事情,从读书、看报、看电影、看电视直到手机上网、听音乐等多种多样的媒介活动,到穿衣、吃饭这样的日常活动,还有我们身边的社会制度、风俗、习惯等都是文化,正是它们构成了我们文化生活的方方面面。

　　文化的发展伴随着科技的进步,并且借助于科技新成果不断地实现着自身的丰富与完善。一定时期社会文化的传承与发扬,总是与这一时期的媒介手段、传播方式密切相关。传播媒介变革所带来的强大力量,深刻作用于人们生活的方方面面,往往成为改变文化生态格局的关键要素。传播学家麦克卢汉按照媒介传播方式的不同,把文化传播历史划分为三个不同阶段:口传文化阶段、印刷文化阶段、电子文化阶段。在这三个阶段的发展过程中,人类经历了四种媒介的更替,即口语、文字、印刷、电子媒介。他指出,"一切传播媒介都在彻底地改造我们,它们在私人生活、政治、经济、美学、心理、道德、伦理和社会各方面的影响是如此普遍深入,以致我们的一切都与之接触,受其影响,为其改变。媒介即讯息"④。因此,不单是媒体传播的内容,媒介形式本身也在改变着人们的文化生活。可以说,各类新媒介反映着人类文明和文化及其变迁,而且在生活中扮演着越来越重要的角色,媒介对文化及其变迁的影响也越发强劲。媒介文化生活已经成为当代文化的新景观或新现实。⑤

---

　　① 转引自杨岚《文化美学形成的五条路径》,载《全国美学大会论文集》(第七届),文化艺术出版社2010年版,第393页。
　　② 庄孔韶:《人类学通论》,山西教育出版社2002年版,第21页。
　　③ [德]彼得·科斯洛夫斯基:《后现代文化》,毛怡红译,中央编译出版社1999年版,第11页。
　　④ Marshal Mcluhan, Quentin Fiore and Jerome Angel, The Medium is the Message: An Inventory of Effects. New York: Random House, 1967: 16.
　　⑤ 王一川:《新编美学教程》,复旦大学出版社2007年版,第81页。

手机媒体的强大影响力使审美的领域无限扩展，技术的进步很大程度上改变着人们的审美观念，对传统的审美理念、审美价值观带来强烈冲击。智能手机也带来这个时代的文化范式，具体地说就是人们在使用智能手机进行社会交往过程中形成和表现出一种独具特色的情感范式、审美范式和生活范式，一言以蔽之，这是因智能手机传播而诞生的文化范式，它受到时代文化背景的深刻影响。从面对面交谈、鸿雁传书到手机可视对话、手机 QQ 聊天及手机微博、微信展示，移动互联网时代的手机传播已经成为当今人们社会交往、社会生活与社会存在必不可少的方式，成为今天人们的一种生存方式和文化交往方式。移动审美方式与当今社会的文化语境息息相关，正是多元化的时代文化背景，移动审美方式产生并快速发展、普及。

（一）文化科技创新语境

科技创新是文化发展的重要引擎，科技之于文化，不只是表达的载体和传播的工具，它本身也在深刻地改变着文化的内涵和性质。现代文化的创造越来越依赖于技术的表达，这种技术表达促使文化的传达更加迅速，文化的形态更趋多样，文化的色彩也更加丰富，文化对于人的影响就更为显著。现代人的生活方式是物质生活与文化生活相互作用、彼此渗透的生活，在某种意义上已经成了一种技术化、数字化的生存，科技为人类提供了最大限度地感受和把握生活环境的条件。科技与文化双向作用、相互生成、水乳交融，当今社会是一个文化科技创新的时代。

文化与媒介的关系是"媒介生产文化，文化改变媒介"。德福勒曾提出"媒介不仅直接地作用于个人，而且还影响文化、知识贮存，一个社会的规范和价值观念"[①]。立足于现代技术的媒介对文化不仅局限于载体的工具角色，而且还被赋予了文化"主导者"的身份。伴随着媒介技术的日新月异，人们心目中的空间距离和时间距离逐渐弥合，心理时间和心理空间逐渐压缩，麦克卢汉所预言"地球村"成为现实，媒介与我们

---

① ［英］丹尼斯·麦奎尔、［瑞典］斯文·温德尔：《大众传播模式论》，祝建华译，上海译文出版社 2008 年版，第 82 页。

的生活交织在一起,成为社会文化活动的重要组成部分。

文化是一个社会的行为模式和普遍准则,它规范着人类的传播行为,也决定着人们传播和接受信息的方式。同样,媒介文化也对我们产生着巨大的影响力,深刻地改变着我们的生活,"传媒文化把传媒和文化凝聚成一个动力学过程,将每个人裹挟其中。它不仅构造了我们的日常生活和意识形态,塑造了我们关于自己和他者的观念;也不断地利用高新技术,把市场原则和审美原则贯穿到我们生活的方方面面"[①]。

媒介是文化成果的展示平台,传播媒介在很大程度上更成了科技的实验场,现代文化是科技含量极高的文化,科技在文化中起着领军的作用,在改变人们生活方式和生存理念的同时,更为文化注入了全新的活力。科技作为文化的新引擎,对于提升文化创新能力,催生新兴文化业态,发挥着日益重要的支撑和引领作用,同时,高新技术已成为提升文化影响力、表现力、传播力的重要手段。鲍宗豪认为,网络信息技术为人类创造了新的文化载体,带来人类生活方式的巨大改变,也带来了人类信息传播方式、交往方式、闲暇方式等革命。

通信历来与文化及社会的关系非常密切,通信技术改革远远超越了仅仅是一个产业部门的范畴,通信"在文化、技术和观念上震撼着我们生活的根基"[②]。作为第三代移动通信技术的代表,智能手机是一种既超越了电视媒体的广度,又超过了印刷媒体的深度的媒体,而且由于其高度的互动性、个人性和感知方式的多样性,信息的传播不仅更加及时准确,而且其覆盖面的广度、辐射力的强度、渗透性的深度,超过以往任何时期。文化是人类所创造的物质财富和精神财富的总和,科学技术既是文化的重要内容,也是其重要表现形式和载体,科技发展水平反映了一个时期文化发展的水平和特点。当前,智能手机引领的移动互联网时代正把我们带入新的或真实或虚拟的时空之中,建构着崭新的时空观念。我们已经习惯充满生老病死、喜怒哀乐等具体生活场景的现实时空,但

[①] 周宪、许钧:《文化与传媒译丛总序》,商务印书馆2001年版,第3页。
[②] [美]凯文·凯利:《网络经济的十种策略》,萧华敬、任平译,广州出版社2000年版,第7页。

与虚拟时空重叠后,可以把非常玄妙的生活理念变为现实。传统意义上艺术家应该到歌舞剧院、美术馆等场所才能充分体现自我价值和艺术价值,而如今只需在网上搞一次展览,就能引发全球轰动。科技创新在不断丰富着文化的内涵,塑造和影响着物质文明和社会文化的内容与形态,借助科技的引领和支撑作用,可以不断提升文化产品的创作力、表现力、传播力、竞争力和影响力。

科技与文化相互促进、互为支撑、交替前行,在文化与科技融合发展上下功夫可以不断解放文化生产力、提升文化竞争力,可以不断激发文化创作者和广大人民群众的创新意识、创新思维、创新潜能,催生出更多富有想象力的文化表达方式、表现形式和全新的文化媒介,形成新的文化经济生长点。① 在手机媒体时代,传统的审美认知和审美理解方式以及艺术形式都受到了巨大的冲击,智能手机的介入瓦解了人们传统的生活方式,使现代人的生活越来越趋于数字化、网络化、智能化和移动化,更多的艺术形式和作品利用智能手机传播而发生日新月异的变化。手机审美内容的创新与手机科技创新相融合,新兴的移动审美方式就在科技与文化的互动关系中诞生并向前发展。

(二) 视觉文化语境

早在19世纪30年代,德国哲学家海德格尔就提出了"世界图像时代",认为"从本质上看来,世界图像并非意指一幅关于世界的图像,而是指世界被把握为图像了……毋宁说,根本上世界成为图像,这样一回事情标志着现代之本质"②。到了19世纪60年代,法国哲学家德波又大胆宣布了"景象社会"③ 的到来。在图像占据主导地位的现代社会,视觉文化的兴起也就成为一种必然,正如美国学者丹尼尔·贝尔所说,"当代文

---

① 朱步楼:《以科技创新推动文化产业大发展》,《科技日报》2011年7月3日。
② [德]海德格尔:《世界图像时代》,载《海德格尔选集》,孙周兴译,上海三联书店1996年版,第899页。
③ Guy Debord, *The Society of Spectacle*. New York: Zone, 1994: 26.

化正在变成一种视觉文化,而不是一种印刷文化,这是千真万确的事实"①。

黑格尔认为,人的所有感官中,视觉和听觉是最为重要的审美的感官,视觉取消了人与外部世界的距离深度,三维空间画面依靠视觉来呈现。当代传媒文化的兴盛带来图像的泛滥,人们对图像信息资源的依赖开始逐渐加大,并迅速向文化、艺术、传播等多个领域蔓延,现代人的眼球似乎没有停歇的机会,它仿佛被图像所包围,不断受到刺激和诱惑,每天都是那么疲劳和忙碌,而我们想看的欲望也从来没像现在这么强烈。当代文化的媒介化和视觉化转向为图像传播提供了更多的可能性以及更清晰的质量,这一切似乎在表明,图像的文化霸权地位开始形成。今天,我们正处于一个图像生产、流通和消费急剧膨胀的"非常时期",处于一个人类历史上从未有过的图像资源富裕乃至"过剩"的时期。不妨以一种戏拟的方式来改造一下培根的名言,"知识就是力量(权利)",可改成"图像就是力量(权利)"。②

黑格尔把视觉与人的其他感官进行了区别:"视觉(还包括听觉)不同于其他感官,属于认识性的感官。所谓认识性的感官,意指透过视觉人们可以自由地把握世界及其规律,不像嗅觉、味觉或触觉那样局限和片面。"③ 不同时代人们观看方式与视觉理念从某种程度上来说决定着这个时代人们是如何掌握世界的。"观看方式"就是我们如何去看并且如何理解所看之物的方式,在传媒文化高度发达的今天,接触并观看媒介成为现代人日常生活不可或缺的重要组成部分,也成为现代人掌握世界的基本方式之一。

视觉文化的崛起,是多方面合力的结果。首先,视觉是人类了解世界的主要途径,追求视觉享受更是人类的本能欲望,快节奏的都市化生活带来视觉的强烈冲击,也进一步刺激了人们的视觉欲望。其次,随着社会生产力的提高,现代社会已经由生产主导型社会转变为消费主导型社会,消费主义与文化工业相结合,使得大量文化产品走向市场,在市

---

① [美]丹尼尔·贝尔:《资本主义的文化矛盾》,赵一凡等译,上海三联书店1992年版,第159页。
② 周宪:《视觉文化的转向》北京大学出版社2008年版,第8页。
③ [德]黑格尔:《美学》第三卷上,人民文学出版社1979年版,第331页。

场经济的逻辑下,"景象即商品"① 的理念使得影像在文化市场上获得了前所未有的地位,视觉文化的传播也拥有了相应的社会氛围。最后,摄影、摄像技术、数字图像技术、剪辑技术的发展,为视觉文化提供了充分的生产、传输的技术准备,国际互联网和卫星技术又使得视觉文化能够打破时间和空间的界限,获得前所未有的广泛传播。

"视觉文化转向"与大众文化、与日常生活、与大众传播等都有着密切的联系,概括而言,"视觉文化转向"所带来的社会文化的深刻变革,主要源于大众传媒的当代变革,是大众传媒的视觉化转向导致了整个社会的视觉文化转向。② 视觉文化日益转向以形象为中心、特别是以影像为中心的感性主义形态,印刷文字逐渐丧失其优先地位,屏幕替代书本成为文化艺术传播最常见、最重要的渠道与载体。通过电子技术和视觉传达媒体进行传播的图像信息,以其复制量大、接收便捷的优势迅速占领人们的眼球。从网络、手机视频到 3D、4D 电影近乎乱真的高清晰影像,从 LED 灯光城市景观设计到商业街巨幅电子广告,再到网络游戏中的虚拟影像……图像已然成为当今时代最丰富的日常生活资源。视觉文化传播时代的来临,不但标志着一种文化形态的转变和形成,也标志着一种新的传播理念的拓展和形成。当然,这更意味着人类思维范式的一种转换。③

英国文艺美学家伊格尔顿的大声疾呼颇为强烈,他指出,我们正面临着一个视觉文化时代,文化符号趋于图像霸权已是不争的事实。图像生产深刻地涉及现代社会的政治、科技、商业、美学四大主题。④ 视觉文化语境下传播媒介呈现出新的审美特征,体现为审美对象逐渐脱离了语言文化的表现形态,越来越表现出形象化和影像化特征。审美主体往往是依据自己的视觉经验来结构或解构图像,生成和解读意义,人们更习

---

① Guy Debord, *The Society of Spectacle*, New York: Zone, 1994: 26.
② 舒也:《论视觉文化转向》,《天津社会科学》2009 年第 5 期。
③ 周宪:《读图、身体、意识形态》,载《文化研究》第 3 辑,天津社会科学出版社 2002 年版,第 72 页。
④ 孟建:《视觉文化传播:对一种文化形态和传播理念的诠释》,《现代传播》2002 年第 3 期。

惯于形象化的思维方式，而逐渐放弃深度的解读。视觉符号本身作为一种信息或对文字信息的诠释，因其直观、鲜明、生动，容易被受众认知和把握，而不受国籍、地域、民族、语言等客观条件的束缚，这种图像信息的传播范围也要比文字更广泛。在审美欣赏方面，与传统艺术样式相较，视觉艺术样式的欣赏者很大的不同在于，对审美主体自身的艺术修养、文化水平等条件要求已经越来越模糊，只要具有一定的视觉感知能力，都可以参与到视觉审美欣赏活动之中，对审美主体的要求由精英化越来越走向平民化，这样的特点已经越来越明显，于是审美欣赏主体的社会群体范围是大大地被拓宽了，审美也由高雅走向了大众。在审美方式上，人们更加依赖媒介工具，现代传媒不仅创造出种种外观美化的潮流、时尚和技术，更为重要的是它塑造出制约这些时尚、潮流和技术的内在视觉观念，视觉文化语境下的大众传媒其美学要素越来越凸显，越来越强调是否能够给人带来感性的、外观的和愉悦的特征与感觉，媒介的参与性、创造性功能不断强化，人们不再仅仅是被动去接受，还需要创造，正如波斯特丽尔所言，"审美的创造性是极其重要的，就像是经济和社会进步的指标，像是技术发明的指标"[1]。

手机，又被称为"第五媒体"，它的技术和传播优势展现出的审美创造、审美欣赏及审美表现上的特性有着其他媒体不可比拟的优越性，只要悉心观察，我们就不难发现，手机所衍生出来的一些特点，比如便捷性、个性化、风格化、感官刺激性等实质上在知识学归属上是属于广义的美学和艺术范畴的。也就是说，手机这种依附在人身体上的"自媒体"，在对人们审美趣味变迁的即时捕捉、审美经验的深度发掘和感官刺激的切实关注等方面，已经无可争议地走在了其他媒体的前面。毋庸讳言，与其说手机的竞争优势在于技术和传播方式上，不如说是在其基础上的高度美学化的运用，或者说，是将技术和艺术、传播和美学高度统一起来，以审美的、艺术的方式来进行传播。

---

[1] Virginia Postrel, Substance of Style: How the Rise of Aesthetic Value is Remaking Commerce, Consciousness (New York: Harper Collins, 2003), p. 16.

3G、4G手机的高速数据传输能力使其能够在全球范围内更好地实现无线漫游，并处理图像、音乐、视频流等多种媒体形式。高速传播已成为视觉文化的时代标志，满足着我们对看的期待，也丰富着我们看的经验，它本身就带有强烈的视觉效果，因为速度本身就是运动和力的结晶，智能手机的高速传输能力为各种形式的看提供了条件并扩大了看的内容，它不仅扩大了我们看的能力，丰富了我们看的方式，最终还提升了我们看的欲望。与此同时，只有那些可迅速高效传递的信息才能在第一时间吸引人们的视觉注意力，满足人们不断增加的视觉需求。因此，当代视觉文化在改变我们关于时间和空间的观念和感受的同时，导致了地理学家们所描述的"时空凝缩"。[①] 时间不以人的意志为转移，有自己的运行规律，处于永恒的运动之中，它让人类是如此被动和力不从心，人们总是希望通过某种努力来超越自然界给其带来的局限性，可以随心所欲地占有时间、改变时间甚至超越时间。"时空凝缩"虽然体现为时间和空间距离的缩小，在传统文化中受到时空制约的观看被当代超越时空限制的目光取代，人类运用视觉去保留图像，让时间定格、停留甚至可以不断地复现，以瞬间的物质形态来满足人对时间的精神需求，在图像的视觉把握中实现对时间的自由掌控，哪怕这只是瞬间性的或片段式的，但仍然体现出人类对自身有限性的不断超越。时间流逝不止并且永不再来导致的无法把握感和恐惧感，使人类内心深处怀有一种与生俱来的攫取瞬间、凝固瞬间的精神冲动和动力，智能手机时代的媒介技术把这种人类的普遍要求升华为了每个普通人的现实生活，只要拿起手机，我们就可以迅速抓住图像，并在第一时间与所有的人分享，手机让我们掌握了时间、定格了时间、凝固了时间，手机已经成为这个视觉时代人们掌握外部世界并且确证自身力量的一种最为普遍的实践方式。

（三）消费文化语境

波德里亚对当代消费社会的特征作了描述，他认为，消费社会就是物、服务和物质财富惊人的增长和消费的社会。"富裕的人们不再像过去

[①] 周宪：《视觉文化的转向》，北京大学出版社2008年版，第13页。

那样受到人的包围,而是受到物的包围。"① 生产社会商品短缺,所以限制消费而鼓励生产,消费社会则生产相对过剩,商品富足,所以鼓励消费。从生产至上到消费至上,从生产社会到消费社会,由消费引发整个人类社会生活方式的全面革新,改变了当代人的社会文化体验并引发社会价值观的激烈冲突、断裂和震荡。消费社会消费意识的无限放大使消费本身成为现世幸福生活的写照,在无所不及的传播媒介轰炸诱导下,当代人的欲望不断膨胀。消费时代的逻辑就是人们不再理性地扪心自问"我"需要什么,而是盲目地跟着传媒制造出来的欲望走。在这种情形之下,人完全成了欲望的奴隶。在消费时代,理性缺席了,上帝休息了,这个时代真正的主宰就是传媒以及它制造出来的欲望。② 生产社会向消费社会转型,人们的观念意识层面也随之发生相应的改变,这些变化能够让人产生对于消费特殊的需求以及文化情怀。英国社会学家费瑟斯通把消费看作这个后现代的社会里人们生活方式的动力,由消费而产生新的文化现象,"以符号与影像为主要特征的后现代消费,引起了艺术与生活、学术与通俗、文化与政治、神圣与世俗的消解,也产生了符号生产者、文化媒介人等文化资本家"③。

媒介文化天然就具有消费主义的内在逻辑性,它甚至从属于消费文化,并且是消费文化最典型、最有代表性的文化形态,同时,由生产社会向消费社会的转型,也有赖于媒介文化的促动,可以说没有媒介文化,消费社会与消费文化都会成为空谈。媒介文化又强化着传播媒体的消费性,在大众传媒带来的使用与满足中,人们因为娱乐而消费,因为消费而快乐。正如费瑟斯通所说,通过使用"影像、记号和符号商品,他们体现了梦想、欲望与离奇幻想;在自恋式让自我而不是他人感到满足时,表现的是那份罗曼蒂克式的纯真和情感实现"④。在大众传媒的消

---

① [法]波德里亚:《消费社会》,刘成富、全志钢译,南京大学出版社2000年版,第1页。
② 范玉吉:《审美趣味的变迁》,北京大学出版社2006年版,第236页。
③ [英]迈克·费瑟斯通:《消费文化与后现代主义》,刘精明译,译林出版社2000年版,第8页。
④ 同上书,第39页。

费逻辑驱使下，曾经是高高在上的艺术与审美也从形而上的纯思辨的哲学形式，转向了人人皆可通过媒介消费去获得并享受到的感性的愉悦和满足。

消费社会在物质生产上已然十分富足，于是日常生活之中人们拥有了比以往更多的闲暇，闲暇与工作相对，闲暇时间无事可做也会十分痛苦，富裕之后当代人对精神文化的需求更加强烈，这一切驱使人们更加狂热地去进行游戏性和娱乐性的文化消费，闲暇与消费意识形态相结合，必然就导出了消费享乐主义。欲望的解放就是感官的解放和躯体的解放，快乐原则和市场化在欲望心理学方面的结合，把新的消费主义和享乐主义当作正当的选择广泛传播开来。①

消费社会的消费是欲望满足的消费，是追求感觉的消费，是快乐与享受的消费，为了在文化艺术的消费之中体验到愉悦感与满足感，人人都需要"审美地"而非粗俗地实现对文化产品的享用和消费，于是文化消费的过程，同时也是主体人在不断丰富和建构自己的过程。消费主义文化，并不简单停留在快感和魅力制造的层面上，而是以其"丰富"的哲学内涵渗入当代人的精神生活，它隐秘地联系到个人的价值实现、身份建构和社会认同，从而在观念上制造一种消费能够帮忙建构人主体性的感觉。② 消费社会的文化已然商品化，文化作为商品进入了消费环节，它的价值已不再是其本身是否具有交换价值和使用价值，而在于其是否能实现对个体欲望的满足。于是，审美活动与日常生活的界限日益模糊乃至消失，审美与艺术不再是贵族阶层的专利，不再局限于音乐厅、美术馆、博物馆等传统的审美活动场所，它借助现代传媒特别是电视普及化、"民主化"了。③

为了去"审美地"消费文化产品，我们就需要把握消费文化的审美特征。首先是展示性，消费文化能够在短时间内吸引人们的眼球以满足瞬间激起的审美愉悦感。其次是观赏性，消费文化产品往往看上去使人

---

① 周宪：《视觉文化的转向》，北京大学出版社 2008 年版，第 262 页。
② 李勇：《媒介时代的审美问题研究》，河南人民出版社 2009 年版，第 94 页。
③ ［英］迈克·费瑟斯通：《消费文化与后现代主义》，刘精明译，译林出版社 2000 年版，第 102 页。

赏心悦目，第一眼就让人心动，让我们心甘情愿去享用和消费。再次是包装性。消费文化产品往往需要通过过度"包装"以使外观变得"美丽动人"。最后是时效性。消费文化是追求时尚的文化，仅仅为了满足人们短期内的审美需求和享用，因而也是短暂的时尚。

　　随着消费文化的兴起，"文化扮演的角色功能从意识形态的话语中心过渡到文化生产的多元化"①。新兴媒介的商业性和消费性也在客观上促成了现代社会的消费主义转向，"媒介文化不是仅仅为市场制作类似广告这样的消费神话而存在，也不是亦步亦趋为具体的资本和商品销售服务，它更多的是开拓消费社会的整体意义空间"②。媒介的本质属性在于由其传播所带来的核心观念和核心价值，不同的媒介会带来不同的话语体系，如果说传统媒介的核心话语往往是政治，那么对于移动互联时代的智能手机来说，最核心的话语概念已经悄然让位于资本与消费。手机媒介经由消费环节走进文化场域和日常生活，在中国当代消费文化语境中，手机消费不仅日益成为大众的日常生活方式，也鲜明地呈现为一种文化现象。③ 由最初只注重实用功能的砖头机（大哥大）转向实用与审美功能并重的苹果 iPhone 智能手机，人们都是在消费中去获得审美的满足感，于是今天的审美与传统审美相较，已经从深度转向平面，从整体转向碎片，从追求形而上的美感转向追求形而下的快感。无论是传统的手机通信（移动电话、短信、彩信等），还是 3G、4G 带来的电信增值服务（手机电视、手机音乐、手机微博、微信等），以及苹果商城 iTunes 中数以万计的手机 App 应用，我们无一不是在消费中去享受服务，在消费中去获得审美的愉悦与享受。对智能手机的消费与审美，潜移默化地型塑着人们的思想观念和行为方式，"使人们面对无数梦幻般的、向人们叙说着欲望的、使现实审美幻觉化和非现实化的影像"④。手机传播出大量的消费信

---

　　① 陈卫星：《传播的表象》，广东人民出版社 1999 年版，第 29 页。
　　② 蒋原伦：《媒体文化与消费时代》，中央编译出版社 2004 年版，第 144 页。
　　③ 王萍：《传播与生活——中国当代社会手机文化研究》，华夏出版社 2008 年版，第 145 页。
　　④ ［英］迈克·费瑟斯通：《消费文化与后现代主义》，刘精明译，译林出版社 2000 年版，第 98 页。

息，通过夸张、变形、狂欢和沉迷等方式来制造时尚、流行和品牌，不断去刺激和满足人们对激情、力量和完美的快感需求。消费时代的逻辑内在地决定了这一时代审美趣味的特征。以欲望满足为目的、以虚假信息为导向、以符号消费为手段的消费行为，并非直接指向人的生命需求，而是必然地和非理性纠缠在一起。①"影像化""符号化""个性化""大众化"的手机文化内容，以"通俗""时尚""品位""生活方式"等提倡一种消费的观念，利用"地位""等级""时尚"等概念来暗示出人们之间差异的存在，鼓励人们在消费中去追求"个性""品位"以及与之相适应的生活方式和生活状态。

消费者看似在自主选择，但是却受到无所不包的媒介广告与媒介文化的操纵和控制，消费仿佛成为人们自我表现、自我实现的唯一路径，人逐渐成为一种单向度的人。消费时代的审美看似是一种由极大丰富的物质产品给予的自由选择，但实质上却并不自由，每个人都是被欲望束缚的戴着镣铐的舞者，所以他们所表现出来的审美趣味都是虚假的趣味。② 在消费社会，审美活动本身就成了消费，与传统的精神性、崇高性的审美境界相较，它更加的普世化、世俗化，更趋向于对感性需求的满足，更像是在放松和休闲。移动审美方式作为消费时代智能手机带来的一种独具特色的、普及程度较高的审美方式，深深地受到消费逻辑的影响，是日常化、大众化、感官化的审美方式，"移动审美"的过程即消费与审美相互作用、相互影响并相互渗透的过程，由此呈现出与其他审美方式不同的特点来。

（四）日常生活审美化语境

日常生活一方面与人类的生活最为息息相关，另一方面，传统意义上的日常生活长期不被关注，甚至被遗忘，处于一种被遮蔽的状态或者被批判的地位。匈牙利美学家卢卡契指出："人在日常生活中的行为是第一性的。""人们的日常行为既是每个人活动的起点，也是每个人活动的

---

① 范玉吉：《审美趣味的变迁》，北京大学出版社 2006 年版，第 237 页。
② 同上书，第 234 页。

终点。"① 随着大众消费文化的迅猛发展，日常生活加快了合法化的步伐，引发了人们对日常生活的关注。在消费文化与后现代的语境下，当代社会与文化正在经历"审美泛化"，导致"日常生活审美化"的滋生和蔓延。德国美学家沃尔夫冈·韦尔施是这样表述这一现象的："毫无疑问，当前我们正在经历着一场美学的勃兴。它从个人风格、都市规划和经济一直延伸到理论。现实中，越来越多的重要因素正在披上美学的外衣，现实作为一个整体，也愈益被我们视为一种美学的建构。"②

英国社会学家费瑟斯通在其题为《日常生活的审美呈现》的讲演中指出了三种意义上的日常生活的审美呈现，一是艺术亚文化的兴起；二是指"将生活转化为艺术作品的谋划"；三是指"充斥于当代社会日常生活之经纬的迅捷的符号与影像之流"。③ 他认为艺术和日常生活之间的界限已经被打破，艺术可以出现在任何地方、任何事物上，今天的生活环境越来越符号化、影像化了，开始追求生活方式的风格化和审美化。由此看来，"日常生活审美化"是一个包含双向运动的过程，一个是"生活的艺术化"，一个则是"艺术的生活化"。权威的工具书是这样表述的，日常生活审美化有两层含义：第一，艺术家们摆弄日常生活的物品，并把它们变成艺术对象。第二，人们也在将他们自己的日常生活转变为某种审美规划，旨在从他们的服饰、外观、家居物品中营造出某种一致的风格。日常生活审美化也许达到了这样一种程度，亦即人们把他们自己以及他们周遭环境看作艺术的对象。④

韦尔施将审美化看作在大众媒介的影响下发生的一个深刻的、社会文化变迁过程，对于美学、文化学及社会理论具有核心的意义。韦尔施在《重构美学》中指出我们今天生活在一个前所未闻的被美化了的真实

---

① [匈牙利] 卢卡契：《审美特性》第1卷，徐恒醇译，中国社会科学出版社1986年版，第1—2页。

② [德] 沃尔夫冈·韦尔施：《重构美学》，陆扬、张岩冰译，上海译文出版社2006年版，第4页。

③ [英] 迈克·费瑟斯通：《消费文化与后现代主义》，刘精明译，译林出版社2000年版，第95—98页。

④ Nicholas Abercrombie, Stephen Hill and Bryan S. Turner, Turner Turner, *The Penguin Dictionary of Sociology*, Harmondsworeh：Penguin, 1994.

世界里，今天的消费者通过购买使自己进入某种审美的生活方式。韦尔施还分辨了审美的层次："首先，锦上添花的日常生活表层的审美化；其次，更深一层的技术和传媒对我们物质和社会现实的审美化；其三，同样深入我们生活实践态度和道德方面的审美化；最后，彼此相关联的认识论的审美化。"[①]

与韦尔施所描述的西方社会的这场美学勃兴相应，在全球化与社会转型的碰撞下，中国社会也开始了一场深受消费逻辑影响的美学勃兴，从周围日常生活的变化中可以看到今天的审美活动已经泛化，大大超出传统的文学艺术范畴，开始渗透进人们的日常生活之中，审美的态度被引入现实生活之中，实用性、功利性对艺术性、审美性让位，无意为之的自在生活向有意为之的自觉生活转化，而这种"自觉"就是在衣、食、住、行等日常生活中赋予美的外衣，从博物馆、图书馆到城市广场、街心花园，审美活动与商业活动、休闲活动、社交活动几乎不存在任何界限，"美的幽灵"无处不在。

当代社会与文化的一个突出变化是审美的日常生活化与日常生活的审美化，审美已不再专属于艺术，审美性也不再是区别艺术与非艺术的根本要素，今天的审美活动已经广泛渗透到日常生活之中，艺术活动的场所已不再仅仅限定在高雅的歌剧院、博物馆，而是百姓可以自由出入的空间，而这样的空间是艺术活动、审美活动、商业活动可以共展并存、交错进行、互惠互利的空间。周宪认为："日常生活的批判理论对日常生活的认识趋向于辩证，既认识到日常生活的普遍化，又看到了日常生活所包含的创造性、审美化因素，因此他们放弃了唯美主义以及海德格尔、阿多诺那种以艺术对抗异化的精英道路，而是强调在日常生活中通过狂欢化、大众消费文化等形式建构一种新的有意义的生存。"[②] 传统哲学意义上的精英式审美已经彻底地世俗化了，泛化为日常生活的普遍现象，这种"审美的普遍性"在当代社会已经深深地植根于人类最深邃的本性

---

① ［德］沃尔夫冈·韦尔施：《重构美学》，陆扬、张岩冰译，上海译文出版社2006年版，第40页。

② 周宪：《文化现代性与美学问题》，中国人民大学出版社2005年版，第58页。

之中，于是曾经哲学式的审美在今天进入每个人的现实生活实践，审美化在当代人的日常生活之中得到了最彻底的实现。

英国当代社会学家斯科特·拉什提出了"消解分化"的概念，它意味着"即时体验"或理解为"即时审美"。拉什认为："通过具体的意指体系来表现日常生活的审美形式，是后现代主义之核心；日常生活的审美总体必须推翻艺术、审美感觉与日常生活之间的藩篱。"[1] 随着智能手机媒介技术的发展，人与审美认知对象之间固有的"看客关系"被打破，人们不再满足于单纯的"眼观图像"，介入和参与的需求日益浓厚，"人机（手机）互动"使得人与审美认知对象之间的即时互动交流成为可能。尽管移动互联网络提供的可以双向交流、即时沟通的在场只是一个虚拟的赛博空间，但实时介入的真切性依旧能让屏幕前的人激动不已。智能手机的日益普及，把以观看为主导的视觉文化时代拓展为一种以全身心投入体验为主导的联觉（各种感觉器官之间产生相互作用）文化时代，激发了人们对于体验美感和快感的兴趣和追求。亮丽的外观、唯美的图像，这一切既满足了人们对外在形象丰富性的要求，也折射出视觉愉悦的价值取向，这都是日常生活审美化的趋向。智能手机以其密集型审美影像传播方式，构建起现代人日常生活的审美化景观，一方面带来感官的满足，另一方面无孔不入的影像也带来审美的疲劳，传播媒介与影像技术既推动了日常生活审美化的呈现又滋长了欲望快感的享乐主义盛行。鲍德里亚曾说我们面对的世界如同一个美丽然而是"空荡荡的海滩"。[2] 虽然审美充斥一切领域而成为日常生活的基本形式，但是却是机械而毫无精神内涵的形式，审美在日常生活中的增值带来的恰恰是审美价值本身的贬值。

智能手机作为高速上网的移动互联网终端，是更为个性化、流动便捷的数字传播工具，能够让人从中获得瞬间感受、流动审美以及身心合一等种种特殊的审美体验，智能手机能够随时随地接入移动互联网，补

---

[1] 转引自傅守祥《审美化生存——消费时代大众文化的审美想象与哲学批判》，中国传媒大学出版社 2008 年版，第 99 页。

[2] 转引自道格拉斯·凯尔纳《后现代理论》，张志斌译，中央编译出版社 1999 年版，第 173 页。

偿性地把手机媒介功能扩大到移动的虚拟空间，人们往往利用"碎片化"的时间就可以完成人际交流、获取信息和参与娱乐审美，由于手机提供的审美对象时刻与人相随，这又决定了手机的审美观照已经脱离了公共的视野，具有更多的私人性与自由性。此外，审美观照的发生必须以审美情境的进入为前提，人总是在日常生活与审美情境之间穿梭转换，随身携带的手机则为人们进入审美情境提供了快捷通道，审美情境与日常生活转换成本的降低使人们可以在日常生活之中更频繁地进入审美情境，从而获得更多高层次的审美体验。移动互联网络的海量内容，也为用户提供了更多审美对象，审美情景间的快速轮转也延长了人们的审美时间，智能手机让我们可以沉浸于审美的愉悦之中。智能手机在"日常生活审美化"的进程中所扮演的角色不容小视，它一方面创造出新的生活方式与文化内容，引导着人去追寻更富情趣和品质的审美趣味，另一方面这样的审美趣味反过来又影响人们的日常生活，智能手机带来的"审美文化已然渗透在我们的日常生活和精神生活之中，它构造着我们的生活世界，也塑造着我们的身体与灵魂"[①]。

  费瑟斯通指出所谓"新的文化媒介人"主要指的就是从事符号的生产和传播的专业人士，他们是日常生活审美化的行为主体，在"日常生活审美化"的进程中起着推波助澜的作用，智能手机带来的媒介革命性的变革大大增强了一般普通大众对艺术的参与性、表现性和创造性，艺术审美与现实生活发生全方位的相互渗透。"日常生活化"的手机审美带来"深层的审美化"，这种审美化深入到了每个人的内心世界，慢慢地塑造和改变着大众的意识、精神、思想乃至本能，这一深层的表现就在于把文化艺术创造权由专业人士交到了每一个普通人手中，正如科斯洛夫斯基所言："任何人在他的生活与工作的现实中，都直接体现着某种艺术性与创造性的精神。后现代社会是创造性的社会，是创造文化的社会，每个人都可以成为艺术家，成为创造性地、艺术性地从事自己职业活动

[①] 余虹：《审美文化导论》，高等教育出版社2006年版，第2页。

的人。"① 手机为我们提供了多样化的审美选择、更丰富的文化自治可能性和更具主体性的新模式，只要拥有一部智能手机，任何人都可以随时随地进行审美创造，展示自己的个人审美空间——手机微博等，手机让我们每个人都成了"新的文化媒介人"。

　　智能手机让人们可以随时随地地欣赏美、创造美和表现美，无论是逛商场、购物、乘地铁、等公交，还是办公室、会议室甚至卧室床头，移动审美方式是与日常生活融为一体的审美方式，已经无法区分日常生活与审美活动乃至实用功利活动的明确界限。移动审美把审美和艺术从象牙塔尖请到我们的日常生活中来，这是一个革命性的变化，如果一个时代有一个时代的主题，那么智能手机传播时代的主题无疑就是审美化，它提高了现代人的生存质量，丰富了生活的趣味，移动审美方式无可争辩地成为日常生活的美学，"日常生活审美化"的文化语境也赋予了移动审美方式新的内涵和特征。

　　正是文化与科技创新的时代推动，视觉文化、消费文化、日常生活审美化的文化语境的相互作用，以及现代信息技术革命的促进，共同迎来了一个"移动审美"的新时代。

---

① ［德］彼得·科斯洛夫斯基：《后现代文化——技术发展的社会文化后果》，毛怡红译，中央编译出版社 1999 年版，第 165 页。

第 二 章

移动审美方式现状调研

在上一章中，我们从理论上对智能手机时代移动审美方式的产生及其文化背景进行了探讨，提出了"移动审美方式"就是指在现代通信与移动互联网络技术条件及后现代文化语境下，人们凭借移动互联网终端，以智能手机为最典型的应用，随时随地去生产、传播和交流审美信息并获得生理快感和精神愉悦的一种心理活动方式、行为方式和生存方式。指出"移动审美方式"与信息技术革命条件下智能手机的媒介特性紧密相关，也与后现代的文化语境相关，正是由于智能手机具备强大的审美功能，导致产生一种大众化、个性化、高科技与高文化紧密联系的新的审美方式——移动审美方式。分析了传播媒介的发展演进与人类审美方式变迁之间的关系，从前语言、语言传播时代的审美方式，到文字传播时代的审美方式，到印刷、电子传播时代的审美方式，再到网络、手机传播时代移动审美方式的兴起，论述了不同的技术手段媒介给人类审美方式带来的改变。具体分析了移动审美方式诞生的文化语境。首先，以信息革命为代表的高新技术发展方兴未艾，伴随着媒介技术的日新月异，媒介工具已经深入到我们的生活成为现代人新的生活方式，现代人的生活方式是物质生活与文化生活相互作用、彼此渗透的生活，在某种意义上已经成为一种技术化、数字化的生存，科技为人类提供了最大限度地感受和把握生活环境的条件。科技与文化双向作用、相互生成、水乳交融，当今社会是一个文化科技创新的时代。其次，当今社会视觉文化的兴起成为一种必然，大众传媒的当代变革和"视觉化转向"带来社会文化的深刻变革，导致了整个社会的视觉文化转向，智能手机传播带来的与感性的、直观的和快感的文化的内在联系性，使人们越来越强调感性的、外观的和愉悦的特征，媒介的参与性、创造性功能被强化，人们不再仅仅是被动去接受，还需要创造，智能手机已经成为这个视觉时代人们掌握外部世界并且确证自身力量的一种最为普遍的实践方式。再次，手机媒介经由消费环节走进文化场域和日常生活，在中国当代消费文化语境中，手机消费不仅日益成为大众的日常生活方式，也鲜明地表现为一种文化现象。移动审美方式作为消费时代由"第五媒体"手机带来的一种独具特色的、普及程度较高的审美方式，深深地受到消费逻辑的影响，是日常化、大众化、感官化的审美方式，在移动审美方式中消费与审美相互作用、相互影响并相互渗透，由此呈现出与其他审美方式不同的自身特点来。最后，智能手机在"日常生活审美化"的进程中所扮演的角色不容小视，它一方面创造出新的生活方式与文化内容，引导着人去追寻更富情趣和品质的审美趣味，另一方面这样的审美趣味反过来又影响着人们的日常生活。智能手机让人们可以随时随地欣赏美、创造美和表现美，移动审美把审美和艺术从象牙塔尖请到我们的日常生活中来。

在这样的文化语境和技术背景条件下，智能手机带来了一种崭新的移动审美方式，开辟出人们审美生活的新领域和新天地，使人们自由去表达、张扬个性、分享经验和思想、扩大沟通交流渠道，随时随地去获得审美的享受。本章针对智能手机带来的越来越普遍的移动审美方式进行社会现状调研，从社会实践的角度，通过结构式访谈和问卷调查这两种实证的方法去调查智能手机的审美功能，智能手机对现代人的审美心理、审美行为方式带来的影响等方面内容，并对结果进行分析与总结，得出结论，用实证的结果与本书理论的观点相互印证，为理论上进一步的深入阐释与论证服务。

一 调查一：结构式访谈

（一）访谈目的

多伦多学派最为有名的代表，加拿大传播学家麦克卢汉提出"媒介即讯息"的观点,直到今天,仍然对我们认识媒介与人类社会发展的关系,发挥着巨大的影响力。他把媒介作为社会发展的基本动力,每一种媒介的诞生都开创了人类感知和认识世界的新方式,媒介变革也导致人类感觉与认识能力的变化,改变了人与人之间的关系,开创出新的社会行为类型。

在这样一个技术对文化、技术对人类的生存方式产生翻天覆地变化的时代,社会进入一个后现代的文化语境之中,特别是手机等新媒体的出现导致社会的数字化、网络化、智能化与移动化趋势,给整个人类社会带来的变化已经超出了我们的想象,如今传统的美学体系已经被彻底解构,我们需要做的是积极的思考美学的今天与未来。当今知识体系是建立在技术与信息基础上的,面对这样一个技术不断推动着文化创新的新时代,当美学的传播媒介发生变化时,这种变化对美学本身会发生什么样的影响?这种影响又会以什么样的方式表现出来?当代美学的目光应该投向何方?文化科技创新领域出现的一些审美现象和审美经验应该如何描述?社会的发展,科学技术的进步,人类生活方式的变化,向审美社会学提出了一些新的课题,一些在过去并不存在,或并不显著,而在当代却十分突出,引起人们普遍的关注的问题。手机作为人们日常生活必备品,作为个人生活必不可少的"影子媒体",为我们提供了新的审美方式,搭建了新的审美平台,创生出许多新的审美内容,改变着我们的审美生活,关于手机引发的审美现象与问题,就是这样一个在当代十分突出和显著,引起人们普遍关注的问题。

审美作为人们生活的重要方面,是提高生活质量的重要手段,3G、4G网络的高速和"随时随地"的互联网连接带来的资讯、娱乐及商务功能为全新的手机数字化生活揭开了序幕,手机移动审美方式成为人们一种重要的审美方式,它开辟了即时的审美交流渠道,提高了普通人审美创造的主动权,并创生出新的审美内容,孕育着新的审美精神,本项调查通过结构式访谈的方式聚焦智能手机的主要使用人群,调查智能手机对人们审美观念、审美意识、审美行为方式产生的影响,为本研究提供实证的支撑和说明。

（二）访谈步骤

1. 选择及确定访谈对象。访谈对象主要选择使用智能手机有一定时间，对智能手机有一定的感受和体会，喜欢把玩手机新功能，喜欢利用 3G、4G 网络高速上网的时尚化、个性化的青年群体，学历层次一般为本科以上，经济收入较高，职业一般为白领人士，是目前智能手机主要的使用群体。选择的访谈对象在智能手机使用时间的跨度为 1—24 个月以上、学历层次由本科到博士、职业涵盖媒体从业人士、手机生产企业、公务员、大学教师、手机运营商员工等，访谈组织者和访谈对象汇集了当今国内三大运营商和四大手机操作系统。（分别使用 iPhone4，苹果操作系统，中国联通运营商；摩托罗拉 M1 501，中国移动运营商，安卓 2.3 谷歌操作系统；黑莓 8320，blackberry 操作系统，中国移动运营商；诺基亚 N97，安卓 2.2 谷歌操作系统，中国电信运营商等）

2. 拟定访谈的主要问题。

主要问题：

（1）你使用智能手机的时间有多长，为什么喜欢用？使用智能手机后的你在感知和认识周围环境和世界上最大的不同是什么？

（2）你认为智能手机和其他的传播工具（报纸、杂志、电影、电视、电脑）比较最大的区别在什么地方？智能手机的丰富内容带给我们的情感体验有何不同，在手机上进行消遣娱乐活动，你认为自己的文化口味有些什么变化？你认为什么样的手机文化艺术产品是大众特别需要的，请举例！

（3）智能手机使我们的行为方式（欣赏行为、创造行为、表现行为）发生些什么变化，人与人之间的关系又会发生什么变化？

（4）在当前这个物质化而又竞争激烈的消费社会中，智能手机的使用和体验给我们的精神生活（精神世界）带来些什么变化？

（5）美国学者保罗·莱文森在《手机挡不住的呼唤》中提出了"媒介人性化"的发展趋势，你认为未来的手机会有些什么样的变化？

(三) 主要内容记录

访谈一：组织者　　某某　　时间：2011 年 5 月 12 日

访谈者

姓　名	性别	学历	年龄	职业（经历）
郭　某	男	本科	25	编辑（平面媒体）
李　某	女	本科	24	魅族科技公司白领职员（手机生产商）
蒋　某	男	本科	25	自由职业者
蒋某某	男	硕士	26	重庆某机关公务员

问：使用智能手机的时间？你认为现在的手机和其他传统媒介工具比较起来，如电视、电脑等，3G 手机好在哪里？

蒋某：大二就开始使用，用了三年。之前使用的是苹果手机，它随时随地可以接受信息，看手机电视等，网速较快，比以前的手机网速快很多。

蒋某某：使用 iPhone 4 一年时间，可以随时随地分享身边的事，用微博发布讯息方便快捷，网速很快，下载东西流量强大。在找不到路的时候，可以用手机地图和定位为生活带来方便。通过 3G 网络，可以和国外联机打游戏，打全球的对象联机游戏。缺点是 3G 手机很费电，有些地方信号没有完全覆盖，会让网速变得更慢。

李某：我所在的公司是做魅族 m9、m8 手机的。最近的主打品牌是 m9。它支持 wifi、3G。主要使用移动、联通，但不支持电信。速度十分快，GPRS 定位功能强大，相当于一部随身小电脑。可以随时随地上网，第一时间了解所有讯息。新闻、娱乐消息，国内外的信息都可以及时接收到。手机定位和地图帮我解决了路痴的困惑。上微博、QQ 等与同学、同事的交流十分便利。随时随地可以在微博中发布自己在生活当中的所思所想所做。

郭某：我使用的手机是 2G，还不是 3G 手机，上网速度没有那么快。3G 手机最突出的特点是手机上网速度快，在获取信息方面十分便利。网速更快、更方便快捷，我也打算换一个 3G 手机，主要是想体验一下方便快捷的感觉，体验舒适感。

问：使用智能 3G 手机，在心理感受、感知世界和认识世界的方法上有什么不同，得到的美的感受与其他媒介相比有何变化？

李某：自我满足感比较强，直观感受就是好玩。更多的交流使自己感觉朋友始终都在身边。在无聊、等公交或是做别的事情的时候都可以玩手机，能够打发空余时间。在玩的同时会有一种自豪感，因为我用了你没用，用了 3G 和没用 3G 的心理感觉是不一样的。

蒋某某：我用了 iPhone4 之后，感觉自己是一旦拥有别无所求。比如说在发微博的时候，拍照的软件有 photomax 可以将图片都拼贴在一起。Talkbox 可以跟全世界各地的人进行通话，只费流量不需要话费。打游戏的时候，和其他的网速不同，网速更快，更有破关的欲望。打电话和发短信都可以免费等。信息方式上的变化，比如别人给我发图片，我可以在第一时间接收到，而不用亲自去那个地方就可以很迅速地感受到那个地方的面貌。

问：智能手机带给我们欣赏、创作、表现行为的方式和人与人之间的关系产生了一些什么样的变化？

李某：自我表现欲更强烈。遇到好玩、好笑的事情总是想放到网上，跟身边的朋友甚至不认识的人进行分享，随时记录生活，时刻发现美的存在。更便捷，之前因为无法记录，感受和体会瞬间会错过。但现在有了记录的平台，就更加能够捕捉、把握身边的事情，会有意识地发现美、分享美，提高了自己的审美观。行为方式方面，会让人们在不自觉中开始关注身边一些美或者不美的事情，审丑心理好像在加重。

蒋某：发微博这件事，人总想把自己最完美、最漂亮的东西放在网上。但是人们的审美观点都不一样，如果东西不好看别人就不会去看，不会接受和欣赏。只有将自己的东西弄得更好，才能够引来别人的关注。

蒋某某：网上他人关注的内容通过转发，迅速让身边的人获得了信息，大家共同参与讨论和评论，就形成了一个群体传播。可以通过关注微博上面的明星，了解更多明星的真实生活，话题讨论更丰富。新的软件的下载使用可以通过网络进行分享、推荐给我的朋友，这样也扩展了自己交友的渠道。通常在关上电脑后，躺在床上，临睡之前都会浏览手机视频、手机新闻等，甚至在上厕所的时候也会带着手机。

问：智能手机为我们的精神生活带来了哪些变化？

蒋某：主要是打发无聊的时间。因为网络内容包罗万象，什么东西都有，正好适合自己的需要。在无聊的时候，闲暇的时候可以排解无聊、忧愁、烦恼、孤单，给我们带来精神上的愉悦、自由。

李某：更加依赖媒体。如果有一天没有带手机，会觉得无比空虚，没有安全感。（一旦失去手机就意味着失掉自己的社会身份。）但也无处可藏，会让你和身边人的联系更加紧密。有手机就可以随时联系身边的人，交流情感，加强情感的相互依赖。

蒋某某：手机的操作系统很多，但共同点是多媒体功能越来越强大。手机视频、手机音乐等都可以满足自己的精神需要，开阔自己的视野，了解到更大兴趣范围的新闻、讯息、音乐形式或者电影内容，可以在手机上网过程中获得最需要的东西，在艺术上面真正得到随时随地的滋养，但快餐文化占主导内容，我们可以第一时间接收到更多讯息。微博的发布使虚拟的生活与现实感相结合，使现实中的自己与虚拟世界中的自己结合起来，扩大了交友、关注的人的范围，人与人之间的现实距离被拉近了。

问：你理想中的手机是什么样子，你认为未来的手机会有些什么样的变化吗？

蒋某某：功能要人性化，受众一定要广，符合大众的品位，外形要好看。利用手机在无聊或闲暇的时候可以排解无聊、忧愁、烦恼、孤单，给我们带来精神上的愉悦、自由。

李某：手机可以像我们的衣服一样，随心情进行变化，也可以作为装扮我们的小饰品。

蒋某：在"残酷"的现实社会无法满足自己愿望的情况下，可以在虚拟空间中去实现自己的理想。

访谈二：

组织者：　　　某某　　　　　时间：　2011 年 6 月 27 日

访谈者姓名	性别	学历	年龄	职业
吴某	女	硕士	26	重庆电视台
董某某	男	硕士	31	企业白领

韩某	男	博士	35	大学副教授
黄某某	男	本科	33	重庆电信某分公司副总
童某某	男	硕士	28	中国联通技术人员

问：使用智能手机的时间多长，为什么喜欢使用3G？使用手机感知和认识周围环境和世界有什么不一样？

吴某：3G的服务使用可能有两年，应该从发牌照就开始使用了，使用的时间比较长。方便，随时随地联系，信息量很大，只需百度搜索很多东西都可以解决。一方面好沟通，一方面信息量大。速度快，有新的事情用彩信等就能接收，朋友之间发彩信，中国移动也在群发彩信，很快信息就传播开来，不用等到传统媒介发布。尤其是球赛，一进球就可以发信息。还有5·12地震，第一时间是在手机上知道地震的，这些都是第一手资讯。没事儿的时候可以浏览网页，之前是WAP现在是3W，手机上网任何时间地点在新浪上都能了解资讯。

董某某：一年多吧。选择3G有这几个原因：3G和2G有很大的区别。硬件的变化很大。2G的手机外观看上去很粗很小很厚，3G的硬件发展很好。最直观的是手机越来越漂亮，超薄，屏幕大，看上去时尚美观，打电话很炫。有很多款式，符合追求时尚的年轻人。像苹果出来的时候就是3G，这也是畅销的一个很重要的原因。还有内容，体验高速上网，之前的上网速度很慢，不仅仅是看到的东西而且看到东西的方式和效果都不一样。3G肯定是更好更快了。以前上网也就是浏览器上网，流量上不支持，硬件也比较差。3G手机的数据交换已经下降到一个次要的角色了，包括一些应用软件微博和地图导航等，现在都可以支持了，这就是上网方式的变化，这种体验比过去用浏览器好很多。硬件发展过后，不仅仅是自身去感知世界，更是手机代替你去感知，这也就是麦克卢汉的观点。

韩某：不长，大概是三个月之内。比如方向感不好你就可以查下地图，下载的谷歌地图随时可以更新。换3G原因是我对大屏幕比较喜欢，触摸屏给人美感。2G的速度太慢，现在3G上网非常快，这是从速度上考虑。3G功能我对技术上的体验不多，但在出差用电脑不方便的时候用3G手机更方便，可以保证我们随时随地与互联网连接，有了手机之后我们真正变成了网络人,除了睡觉之外,我白天每时每刻都握着手机。3G手机让我获取信息更方便,我的感受也许没其他人那么全面,但是3G手机确实已成为我们感官的延伸。

童某某:目前使用的是黑莓的一款智能手机,但是接触3G最早是在上大学的时候,使用有3—4年了,有一款网络支持的水货的摩托罗拉2.5G手机,是普通的GPRS的1.7倍左右。实际上我是个电子设备的玩家,喜欢非主流的设备,我觉得智能手机或者3G手机最大的吸引力是很人性化的设计,我同学是普通的浏览器上网,我可以同时打开多个书签的浏览器,功能上的差异使我觉得很炫。3G手机使信息交流越来越方便,从短信、飞信到彩信,即使用手机上的第三方软件须花费流量,我们都会用飞信,在短信不够时,还有附加飞信和图片。现在还有微博,我刚刚吃饭的时候就发了,身边的事情让朋友和同学都迅速知道,这是一个互相知道和了解的过程。

黄某某:使用3G手机大概一年,获得新的体验。高速上网和海量的软件,简直和以前不是一个概念,我使用的摩托罗拉811手机多点触控,反馈的应用方面的信息比较多。比如软件"会说话的汤姆猫"就是手机本身的功能,娱乐性很强,交互性功能很强,是交互娱乐。另外屏幕很大,娱乐功能很多,网速很快,比优酷或者U-TUBE都快,使用3G网络与本地化存储没有区别。因为速度快,可以随时随地发微博和听音乐,浏览和看杂志都很快。信息的交互特别方便,比如像米聊,直接通过3G网络都能实现,也像一个便捷电脑,装了office软件大智慧和PPT都可以实现。在娱乐功能上,装了软件手机就可以成为手电筒,还有一种在线下载的儿童娱乐类的MP3,边下载边播放,可以随时随地使用。感觉智能手机尤其是安卓系统和电脑最大区别在于由于有触控的交互性在里面,并不是普通电脑能实现的。3G手机还有指南针和地图定位等功能,已经成为现代人生活必不可少的一部分。

问:智能手机带来丰富的内容,带给我们的体验有什么不一样?我们的文化口味有什么变化?你认为什么样的手机文化艺术产品是我们大众特别需要的?

吴某:交互式,报纸电视电影都是单方面的传递信息,手机现在是自媒体，传播我自己想说的信息，除了我接受他的，他还接收了我的，从单向变成了双向。以前的方式很单调，是别人选择什么我们接受什么，现在可以自由选择。内容也增加了。还带来一些情感上的变化，不管是比起报纸还是电视，手机从感官感受上来说还是要差一点，现在我看一些流行的内容，都从电子档更换成了纸质书。另外说到音乐，没有MP3效果好，视听感受与电影来说更是没办法比，但是它确实有它的好处，就是很方便，手机的大众化传播也是人们很关注和需求的。

韩某：更多的自由选择，用手机看报和用报纸看报感觉是不一样的。

董某某：就一个体验，新和快。有时候我们看手机还不如电脑上的体验那么好，而且手机还可能会卡可能掉线，但是它的确很及时。3G手机打破了地域地限制，可以跨文化跨国家跨地域的接触。融入了交流和互动，比如人人网的流行，就是因为它是一种社交性的网站，汇集着不同地方的人相互交流信息，手机带来大众化、时尚化和真实性。

黄某某：并不是效果更好，而是更及时。大家都知道固定电话通话效果更好，但是手机带来了一种便捷的方式，家里用电脑绝对没有外面用iPAD那么好，3G手机相当于代替了移动电脑的功能。我们现在更适应文化快餐，比如微博，控制在70字之内的消息，还有小的图片，像我们现在的学生，更接受短小简洁的消息。微博的最大不同是，可以更加便捷地创造属于自己的期刊和媒体，当你粉丝上万人的时候，别人来听你发表的言论，你会有一种被人关注被社会需要被肯定的自豪满足感觉，还有就是可以相互评论的交互性。

童某某：我觉得手机现在有很多如人人网之类的资讯社交平台，不需要通过其他的工具获取，很便捷。

问：智能手机使用之后行为与精神层面有些什么变化？

黄某某：人与人之间的关系变化，人与人之间在线互动。人与人之间更重视交流了，在现实生活中，以前重视程度没那么高，现在大家在一起能聊上天说上话就是缘分，人与人之间会更加融洽。手机变成了你生活中离不开的工具，你随时随地可以发微博谈感受。又比如，一个叫"查查"的应用软件，商品条码一扫，是不是正品，价格多少一目了然，手机就成为生活中一个得力助手了。生活比较忙的时候很少了解周边发生了什么事情，但是现在闲暇的时间能利用手机了解信息，生活效率更高了。在说话不是很方便的时候，发个短信就很方便。获取资讯，不用专门找，还可以下载。精神更充实了。可以了解更多要了解的东西。

童某某：贴切生活，不同的人群有不同的需要。现在的学生最重要的是需要交流。上课无聊的时候就会去关注QQ和人人网发东西找人聊天。像出差比较多，经常住酒店的人，就可以使用一个叫酒店管家的软件。有人喜欢自驾游，就可以关注途牛网等。手机最主要的是及时贴切生活，满足不同人群不同的需要。

董某某：手机出来后，不仅仅是微博，像WEB2.0等，都是以自己为中心，以前是被动接受，现在是主动选择和创造，以前是网站为主，现在是个人为主，而且互动性更强。手机可以随时随地填充你的生活。

吴某：一天到晚围着手机转，几乎一闲下来就拿着手机，随着心情变化不断地改QQ签名，我感觉自己会不会玩物丧志？有时候我可以去看书或看部电影，但我只是在玩手机微博。我早上起来坐在床上就玩微博和聊QQ，玩半个小时才会起床，以前睡前看书，现在变成玩手机。以前听听MP3，现在玩手机。

问：《手机挡不住的呼唤》作者美国学者莱文森提出"媒介人性化"发展趋势，你认为未来的手机会为我们带来些什么？

黄某某：机器人代替电脑，成为终极形式，它可能成为保姆，可能照顾老人，成为生活中的一个助手。

韩某：人与人之间的实际交往反而减少了。理想当中既能这样又能那样的关系不一定能够完全实现，技术肯定带来正面和负面两种后果，现在的问题是，人在手机上是不是消耗了太多的精力？现在又想看书了，这也许是一种回归，重新渴望纸质飘香的生活。长期使用手机我们会感到有一种被隔离感，希望恢复和弥补自己的生活。

童某某：喜欢手机上网的会有网瘾，这也是真人社区网络能够流行起来的原因，你可以在虚拟世界里找到你的同学朋友等，在虚拟当中去寻找真实。

董某某：以后会不会就没有手机了，直接植入人体了，我们被手机所改变。以前丢了手机只是丢了号，现在丢了手机就不仅仅是丢了号了，你还有更多的联系，比如身份的联系丢失了。

（四）结果分析

表 2—1　访谈结果与分析

深度访谈内容提炼	要素	项目维度
蒋某，男，本科，25 岁，自由职业者 随时随地可以接收信息，看电视等，网速较快，使用3G后速度更快 发微博这件事，人总想把自己最完美、最漂亮的东西放在网上。但是人们的审美观点都不一样，如果东西不好看别人就不去看，不会接受和欣赏。只有将自己的东西弄得更好，才能够引来关注 包罗万象，什么东西都有，正好适合自己的需要，可以打发无聊的时间 象小饰品，手机就像我们的一件衣服一样 可以在3G手机上实现自己精神上面的理想	1. 随时随地可以接收信息 2. 速度更快 3. 把自己最完美、最漂亮的东西放在网上。但是人们的审美观点都不一样，如果东西不好看别人就不会去看，不会接受和欣赏 4. 打发无聊的时间 5. 象小饰品，手机就像我们的一件衣服一样 6. 可以在3G手机上实现自己精神上面的理想	1. 即时审美 2. 快捷审美 3. 审美取向 4. 审美取向 5. 审美感知 6. 审美理想
蒋某某，男，硕士，26 岁，机关公务员 随时随地分享身边的事，用微博发布讯息方便快捷，网速很快，下载东西流量强大。在找不到路的时候，可以手机地图和定位为生活带来方便。通过3G网络，可以和国外联机，打游戏 感觉自己是一旦拥有别无所求。比如说在发微博的时候，拍照的软件有photomax可以将图片都拼贴在一起。Talkbox可以跟全世界各地的人进行通话，只费流量不需要话费。打游戏的时候，和其他的网速不同。网速更快，更有破关的欲望	1. 随时随地分享身边的事 2. 一旦拥有别无所求	1. 分享式审美创造 2. 审美理想

续表

深度访谈内容提炼	要素	项目维度
信息上的变化。比如别人给我发图片,我可以在第一时间接收到,不用去那个地方就可以很迅速地感受到那个地方的面貌 让身边的人获得信息,让大家参与讨论和评论,就成了一个群体传播。可以通过微博关注、了解更多明星的真实生活,讨论话题更多。新的软件的下载使用可以通过网络进行分享、推荐给我的朋友,这样也扩展了自己交友的渠道 3G手机功能应该更人性化,受众面才会更广,符合大众的品位。手机外观要好看,在无聊的时候,闲暇的时候手机可以排解无聊、忧愁、烦恼、孤单,给我们带来精神上的愉悦、自由。通常在关上电脑后,躺在床上,临睡之前都会浏览手机视频、手机新闻等。甚至在上厕所的时候也会带着手机	3. 第一时间接收,迅速的感受 4. 大家参与讨论和评论 5. 进行分享 6. 符合大众的品位 7. 给我们带来精神上的愉悦、自由 8. 躺在床上,临睡之前都会浏览手机视频、手机新闻等,上厕所的时候也会带着手机	3. 即时审美 4. 参与式审美 5. 情感体验 6. 审美趣味 7. 审美理想 8. 随时随地审美
李某,女,本科,24岁,3G手机生产商白领 我所在的公司是做魅族m9、m8手机,最近的主打品牌是m9。它支持wifi,3G,主要使用移动、联通,但不支持电信。速度十分快,GPRS定位功能强大,相当于一部随身小电脑 随时随地上网,第一时间可以了解所有讯息。新闻、娱乐、国内外的消息都可以及时接收到。与同学、同事的交流十分便利。微博、QQ。随时随地可以在微博中发布自己在生活当中的所思所想所做 自我满足感比较强。更多的交流使自己感觉朋友始终都在身边	1. 发布自己在生活当中的所思所想所做 2. 自我满足感	1. 大容量表现 2. 情感体验

续表

深度访谈内容提炼	要素	项目维度
直观感受就是好玩，在等公交、无聊或是做别的事情的时候都可以玩手机。能够打发空余时间。在玩的同时会有一种自豪感，用3G和没用3G的心理感觉是不一样的自我表现欲更强烈。遇到好玩、好笑的事情总是想放到网上，跟身边的朋友甚至不认识的人进行分享，随时记录生活，时刻发现美的存在，更便捷。之前因为无法记录，瞬间会错过。但现在有了记录的平台，就更加能够捕捉、把握身边的事情，会有意地的发现美，分享美。提高了自己的审美观。行为方式方面，会让人们在不自觉中开始关注身边一些美或者不美的事物。受到快餐文化的影响会较深 更加依赖媒体。如果有一天没有带手机，会觉得无比空虚，没有安全感。但也无处可藏，会让你和身边人的联系更加紧密。有手机就可以随时联系身边的人，交流情感，加强情感的相互依赖 手机视频、音乐等都可以满足自己的精神需要，开阔视野，了解到更多新闻、音乐或电影讯息。真正得到随时随地的艺术滋养。快餐文化占主导，信息量很大，我们可以有更多的机会收到讯息。微博的发布使虚拟的生活与现实感相结合，使现实中的自己与虚拟世界中的自己结合起来，扩大了交友、关注的人的范围，人与人之间的距离被拉近了	3. 交流十分便利，更多的交流 4. 自豪感 5. 自我表现欲更强烈 随时记录生活，时刻发现美的存在，更便捷 6. 有意识地发现美，分享美。提高了自己的审美观 7. 在不自觉中开始关注身边一些美或者不美的事物 8. 更加依赖媒体。如果有一天没有带手机，会觉得无比空虚，没有安全感 9. 交流情感，加强情感的相互依赖 10. 手机视频、音乐等都可以满足自己的精神需要 11. 真正得到随时随地的艺术滋养 12. 使虚拟的生活与现实感相结合	3. 审美趣味 4. 美感 5. 多样化表现、快捷表现 6. 审美感知、审美取向 7. 审美感知 8. 审美趣味 9. 情感体验 10. 审美理想 11. 审美理想 12. 审美理想
郭某，男，本科，25岁，杂志编辑 最突出的特点是手机上网速度快，在获取信息方面十分便利。网速更快、更方便快捷，体验方便快捷的感觉，体验舒适感	1. 方便快捷的感觉，体验舒适感	1. 快捷审美，情感体验

续表

深度访谈内容提炼	要素	项目维度
吴某，女，硕士，26岁，重庆电视台编辑 方便，随时随地联系，信息量很大，百度的话很多东西都可以解决。一方面好沟通，一方面信息量大 第一时间都用手机上网。我们都还是比较早的。告诉别人的话其实还是比较少一些。互相沟通跟交流的话多些 速度快。有新的事情有彩信就能发过来了 尤其是球赛，一进球就发信息。还有5·12地震，第一时间就知道 手机现在是自媒体。传播我自己想说的信息。除了我接受他的，他还接收了我的。从单项变成了双向。以前很单调 以前是别人选择什么我们接受什么。内容的面增加了。从其本身来说是情感上带来一些感觉。	1. 方便，随时随地联系，信息量很大。 2. 第一时间都用手机上网，互相沟通跟交流。 3. 速度快。有新的事情有彩信就能发过来了。 4. 手机现在是自媒体。除了我接受他的，他还接收了我的。 5. 内容的面增加了。从其本身来说是情感上带来一些感觉。	1. 随时随地审美、大容量审美 2. 即时审美 3. 即时欣赏 4. 多样化表现 5. 大容量欣赏
董某某，男，硕士，31岁，企业白领 最直观的是外观的表现，手机越来越漂亮，超薄，屏幕大，看上去时尚美观。打电话很炫。最大的吸引力是很人性化的设计 像苹果出来的时候出来就是3G，这也是一个很重要的原因。还有内容，体验高速上网 上网方式的变化。这种体验比过去用浏览器好很多 对世界的感知更是手机代替你去感知。一个体验，就是新，快 打破了地域的限制。跨文化跨国家跨地域的接触。融入了交流和互动。比如人人网的流行，就是因为是一种社交性的网站。汇集了不同地方的人相互交流信息	1. 外观的表现手机越来越漂亮时尚美观。很炫 2. 上网方式的变化。这种体验比过去用浏览器好很多 3. 手机代替你去感知。一个体验，就是新，快	1. 审美功能 2. 审美体验 3. 审美认知

续表

深度访谈内容提炼	要素	项目维度
大众化是人们很关注和需求的。大众化、时尚化和真实性 无聊的时候发东西找人聊天,比如QQ和人人网我们就会去关注 以前是被动接受,现在是主动接受。以前是网站为主,现在是个人为主。而且互动性更强 真人的社区网络能够流行起来的原因,你可以在真实世界里找到你的同学等。在虚拟当中去找到真实 手机可以随时随地填充了你的生活	4. 打破了地域的限制。跨文化跨国家跨地域的接触。汇集了不同地方的人相互交流信息 5. 大众化、时尚化和真实性 6. 无聊的时候发东西找人聊天 7. 以前是被动接受,现在是主动接受。以前是网站为主,现在是个人为主。而且互动性更强 8. 在虚拟当中去找到真实 9. 随时随地填充了你的生活	4. 跨域欣赏 5. 审美理想 6. 个性化表现 7. 个性化表现 8. 审美趣味 9. 随时随地欣赏
韩某,男,博士,35岁,大学副教授 触摸屏给人美感。 保证我们每天跟互联网接触。有了手机之后我们真正的变成了网络人。除了晚上之外我白天每时每刻都握着手机。确实成了一个感官的延伸 从短信、飞信、彩信,现在还有微博。让身边的事情让朋友和同学都知道。这是一个互相知道的过程 更多的自由选择。我用手机看报和用报纸看报是不一样的 没手机我觉得很无聊	1. 触摸屏给人美感 2. 变成了网络人。确实成了一个感官的延伸 3. 让身边的事情让朋友和同学都知道。这是一个互相知道的过程 4. 更多的自由选择 5. 没手机我觉得很无聊	1. 审美功能 2. 审美感知 3. 分享式创造 4. 个性化表现 5. 审美趣味

续表

深度访谈内容提炼	要素	项目维度
黄某某，男，本科，33 岁，重庆电信某分公司副总 比如会说话的汤姆猫，就是手机本身的功能，娱乐性很强，交互娱乐。交互性很强。另外屏幕很大。现在感觉娱乐功能很多 随时随地发微博和新浪的音乐，浏览和看杂志都很快。可以随时随地使用。感觉智能手机尤其是安卓系统。和电脑的最大区别在于，由于有触控的交互性在里面，并不是电脑能实现的。指南针和地图定位等，都能够实现。已经成了必不可少的一部分 手机带来了便捷的方式。相当于代替了移动电脑的功能 现在更适应文化快餐，比如微博，控制在70 字之内的消息，还有小的图片 有一种被人关注被社会需要被肯定，自豪满足的感觉。还有相互评论 人与人间的在线互动。我自己感觉就是这一块，人与人之间的交流更重视了 人与人之间会更加融洽。手机变成了你生活中离不开的工具，你随时随地发微博，感受 现在闲暇的时间能利用起来了解信息，效率更高了。精神更充实了。可以了解更多要了解的东西	1. 娱乐性很强，交互娱乐 2. 随时随地发微博和新浪的音乐 3. 便捷的方式。相当于代替了移动电脑的功能 4. 更适应文化快餐 5. 自豪满足的感觉 6. 人与人间的在线互动 7. 随时随地发微博，感受 8. 精神更充实了	1. 审美功能 2. 随时随地欣赏 3. 快捷表现 4. 审美趣味 5. 美感 6. 即时表现 7. 随时随地创造 8. 美感

　　本项针对智能手机的广泛应用及对大众带来一种崭新的审美方式（本研究定义为移动审美方式）的结构式访谈，访谈对象为使用智能手机的白领青年人，他们也可以代表目前消费与使用智能手机，并把手机作

为一种生活方式的主流人群，学历主要为本科及以上，代表当代中国社会青年人中文化素质较高，经济收入较高的智能手机主要消费人群。本访谈选择的对象能够代表目前智能手机传播影响下人们在审美心理、审美行为方式以及网络化生存背景下人们呈现出的生活状态和精神状态。

通过对上述访谈内容的提炼、要素归纳，项目维度的整理与分析，我们发现智能手机给现代人的审美生活带来了新的内容与方式，表现为：可以第一时间接收到审美信息；可以跨域在线交流情感；可以远触审美对象，拥有移动的审美空间；提供了海量的审美内容与空间；可以更频繁地进入到审美情境中去；可以随时随地表达自己和张扬个性；自我表现欲更强烈，表现行为更多样；移动中可以任凭自由兴趣来创造内容；手机软件成为感知世界的方式和个性化创造的工具；参与和交流成为生活的重要部分；会有意识地发现美并分享美；开移动博客后更加在意提高博客内容的美感等。我们发现智能手机呈现出的是技术与审美（艺术）紧密关联的态势，高技术的媒介工具与现代人的日常生活与审美活动交织在一起，成为当今社会文化活动的重要组成部分，不单是媒体传播的内容，媒介形式本身也在改变着人们的文化生活，对人们的生活方式、审美方式带来了巨大的影响与改变，这就是一个媒介化生存的时代，一个文化与媒介科技相互交融、相互渗透的时代。

智能手机改变着人们的审美趣味，甚至改变了人们的生活观念，激发出人们对于审美体验的强烈兴趣和普遍追求。手机消费导致审美意识出现平民化、碎片化和平面化的趋势。手机3G、4G应用带来的是随时随地对网络触手可及的体验，智能手机为我们提供了多样化的审美选择、更丰富的文化自治可能性和主体性的新模式，成为人们欣赏美、表现美和创造美的普遍方法、手段和形式。智能手机传播带来的与感性的、直观的和快感的文化之间的内在联系，冲击着当代社会文化生活，影响着人们生活的方方面面，随时随地生产、传播和交流审美信息成为人们普遍的重要的活动内容和生活样式并构成这个时代文化的总体特征和基本内容。手机这种依附在人身体上的"自媒体"，在对人们审美趣味变迁的即时捕捉、审美经验的深度发掘和感官刺激的切实关注等方面，无可争议地已经走在了其他媒体的前面。

(五) 结论

媒介演进的网络化与移动化趋势大大改变了现代人的生活方式与审美方式,智能手机具有强大的审美功能,智能手机已经成为人们欣赏美、表现美和创造美的重要方法、手段和形式,由智能手机高技术与高文化相结合的媒介特性开辟出崭新的移动审美方式,成为现代社会,特别是城市青年人的一种重要的审美方式,也成为现代人审美生活的重要特征和基本内容。智能手机作为整合多种媒体类型的新型媒介工具,作为新生的影响力巨大的数字化媒体,为我们这个时代提供了丰富的审美内容,打造出新的审美载体并带来全新的移动审美方式,极大地改变了我们的生活方式、思维方式和审美观念,手机信息技术的进步为人们的审美表现和审美创造带来了新的前提和机遇,移动审美方式已经成为当今人们的一种大众化、个性化的审美方式。

二 调查二:问卷调查

(一) 调查目的

比较不同人口学变量"移动审美行为方式"的差异,具体为审美欣赏行为、审美创造行为与审美表现行为;比较不同人口学变量之间使用智能手机的审美功能与实用功能上的差异;比较不同传播媒介在审美功能与实用功能上的差异等。

(二) 问卷编制

在结构式访谈内容提炼、要素归纳、项目维度提出以及结果分析的基础上,结合第二章"移动审美方式"的定义:在现代通信与移动互联网络技术条件及后现代文化语境下,人们凭借移动互联网终端,以智能手机为最典型的应用,随时随地去生产、传播和交流审美信息并获得生理快感和精神愉悦的一种心理活动方式、行为方式和生存方式。本项问卷调查针对"移动审美方式"中的移动审美行为方式,把移动审美行为方式划分为审美欣赏行为、审美创造行为和审美表现行为3个二级维度,每个二级维度下面又分为6个三级维度，问卷为6选2多项选择题，每个选择项目对应一个三级维度。（调查问卷和调查内容分别见附录一和附录二）

手机移动审美行为方式 ⎰ 审美欣赏行为：即时欣赏、跨域欣赏、远距离欣赏、大容量欣赏、情境欣赏、掌上欣赏
审美表现行为：即时表现、移动表现、个性化表现、大容量表现、多样化表现、快捷表现
审美创造行为：任意创造、随时随地创造、个性化创造、参与式创造、分享式创造、审美式创造

另外有三道多项选择题针对智能手机的审美功能、实用功能与审美理想、实用理想（即在理想状态下人们希望智能手机可以具有的审美功能和实用功能）进行调查。第1、第2两道单项选择题是针对美国媒介学家保罗·莱文森在《手机：挡不住的呼唤》一书中的假设设置的问题，调查人们在几种最常用的传播媒介之中，如果只能选择其中一种，大多数人会选择哪一种媒介工具，这道题与人们对媒介的审美功能与实用功能的需求密切相关。

（三）研究工具

智能手机移动审美行为方式调查问卷，采用SPSS17.0软件包对数据进行统计分析。

（四）研究调查对象抽样

对研究调查对象进行如下抽样：职业分为学生（高中生、大学生、研究生）、教师（大学教师、中学教师）、专业人士（中国移动、中国联通、中国电信工作人员）和非专业人士（电视台、杂志社、外企等白领人士）；学历由高中、本科、硕士到博士；年龄从17岁到48岁，基本涵盖智能手机主要的使用人群；使用时间由刚开始使用到24个月及以上（从三大运营商3G牌照发放使用至今）；性别是男性略高于女性（与运营商提供3G、4G手机使用性别比的数据大体吻合），共回收有效问卷635份，其中每种职业类别有效问卷都在100份以上。

(五) 结果分析

结果1：人口学变量与智能手机使用时间相关分析结果

表2—2　人口学变量与3G手机使用时间相关分析结果

	性别	职业	学历	年龄	使用时间
性别	1.000	-0.054	0.057	0.003	-0.208（*）
职业	-0.054	1.000	0.195（*）	0.406（**）	0.372（**）
学历	0.057	0.195（*）	1.000	0.266（**）	0.114
年龄	0.003	0.406（**）	0.266（**）	1.000	0.168
使用时间	-0.208（*）	0.372（**）	0.114	0.168	1.000

* Correlation is significant at the 0.05 level (2 - tailed).

** Correlation is significant at the 0.01 level (2 - tailed).

相关分析结果表明，性别与智能手机使用时间呈显著负相关，男性使用智能手机的时间相对更长。职业与智能手机使用时间呈显著正相关，在职人员使用智能手机时间相对更长。智能手机使用时间与年龄和学历不相关。

表2—3　智能手机使用时间与各项目的相关分析结果

	使用时间	审美理想	实用理想	审美欣赏	审美创造	审美表现	审美功能	实用功能
使用时间	1.000	.054	-0.003	-0.006	-0.034	0.035	-0.177（*）	0.153
审美理想	0.054	1.000	-0.884（**）	0.148	0.117	-0.043	-0.011	0.064
实用理想	-0.003	-0.884（**）	1.000	0.133	-0.072	0.139	0.055	0.042
审美欣赏	-0.006	0.148	0.133	1.000	.301（**）	0.122	0.241（**）	0.210（*）
审美创造	-0.034	0.117	-0.072	0.301（**）	1.000	-0.850（**）	-0.066	0.245（**）

续表

	使用时间	审美理想	实用理想	审美欣赏	审美创造	审美表现	审美功能	实用功能
审美表现	0.035	-0.043	0.139	0.122	-0.850(**)	1.000	0.202(*)	-0.155
审美功能	-0.177(*)	-0.011	0.055	0.241(**)	-0.066	0.202(*)	1.000	-0.865(**)
实用功能	0.153	0.064	0.042	0.210(*)	0.245(**)	-0.155	-0.865(**)	1.000

* Correlation is significant at the 0.05 level (2-tailed).

** Correlation is significant at the 0.01 level (2-tailed).

智能手机使用时间与各项目的相关分析结果表明，智能手机使用时间与审美功能呈显著负相关，使用智能手机的时间越长，审美功能得分越低。另外，审美理想与实用理想得分成高负相关，审美理想得分越高，实用理想得分越低。审美功能与实用功能得分成高负相关，审美功能得分越高，实用功能得分越低。审美功能与审美欣赏和审美表现呈正相关，审美功能得分越高，审美欣赏和审美表现得分也相应越高，审美功能与审美创造不相关；实用功能与审美欣赏和审美创造呈正相关，实用功能得分越高，审美欣赏和审美创造得分也相应越高，实用功能与审美创造不相关。

结果2：媒介工具与使用时间

选择书籍、电视和固定电话作为媒介工具的人数总共仅为55人，而选择电脑作为媒介工具的人数为325人，选择智能手机作为媒介工具的人数为290人。配对样本t检验结果表明，选择智能手机作为媒介工具的人员在审美功能上的得分（M=2.29，SD=0.81）显著高于实用功能上的得分（M=1.71，SD=0.81）（t=2.73，p<0.01）。选择电脑作为媒介工具的人员在以上两者得分上没有显著差异（t=-0.13，p=0.89）。

使用智能手机1—3个月的人员的审美功能得分（M=2.31，SD=0.62）显著高于实用功能得分（M=1.58，SD=0.58）（t=3.34，p<0.005）。其他智能手机使用时间的人员在审美功能和实用功能上得分均无显著差异。

结果3：人口学分类方差分析

表 2—4　不同学历人员在各项目上的得分情况及方差分析结果

	高中生 M	高中生 SD	大学生 M	大学生 SD	研究生 M	研究生 SD	F	p
实用功能	1.80	0.41	1.83	0.11	1.92	0.13	0.13	0.876
审美功能	1.20	0.42	2.09	0.11	2.08	0.14	2.11	0.125
实用理想	0.20	0.29	1.06	0.07	0.83	0.09	5.29	0.006**
审美理想	1.40	0.29	0.91	0.07	1.08	0.09	2.03	0.135
审美欣赏	1.60	0.08	1.97	0.02	1.97	0.03	10.56	0.000****
审美创造	0.80	0.37	2.03	0.09	2.08	0.12	5.49	0.005**
审美表现	2.40	0.37	1.89	0.09	1.87	0.12	0.93	0.398

* 代表 $p<0.05$；** 代表 $p<0.01$；*** 代表 $p<0.005$；**** 代表 $p<0.001$；M = 平均数；SD = 标准差；下同。

不同学历人员在实用理想、审美欣赏和审美创造得分在统计上存在显著差异。在实用理想、审美创造和审美欣赏的得分上，高中生的得分都显著低于大学生和研究生，大学生和研究生之间差异不显著（见图 2—1 和图 2—2）。在审美功能的得分上，虽然总体方差分析显示差异不显著，但是经过事后检验发现，高中生在该项目上的得分也显著低于大学生和研究生，大学生和研究生之间得分差异不显著（见图 2—3）。

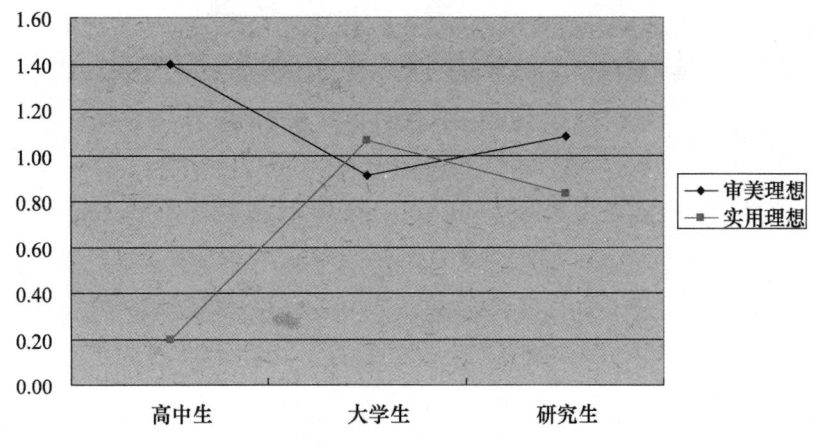

图 2—1　学历与审美理想、实用理想

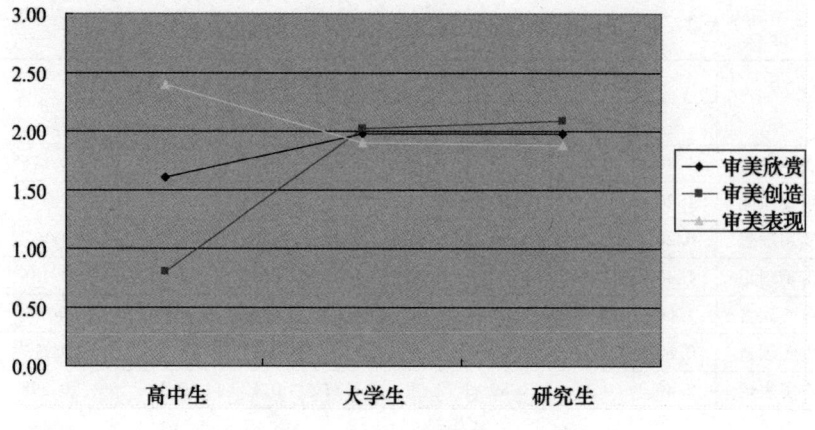

图 2—2　学历与审美行为方式

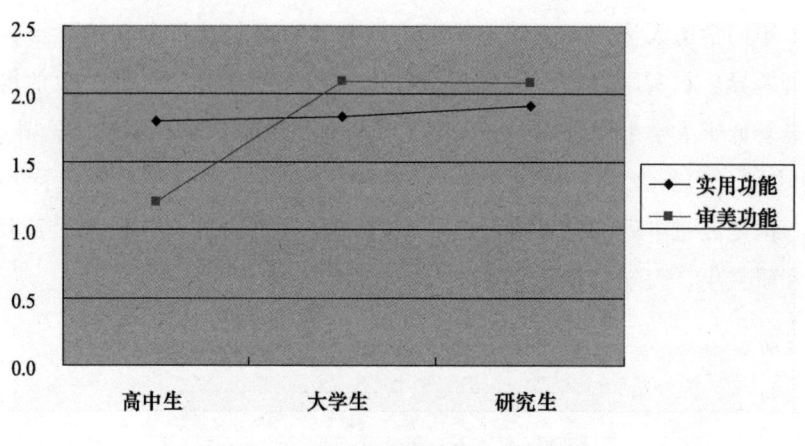

图 2—3　学历与审美功能、实用功能

表 2—5 不同年龄人员在各项目上的得分情况及方差分析结果

	22 岁以下		22—28 岁		28—34 岁		34 岁以上		F	p
	M	SD	M	SD	M	SD	M	SD		
实用功能	1.76	0.17	2.00	0.13	1.67	0.16	1.95	0.21	0.98	0.402
审美功能	2.00	0.18	1.96	0.13	2.25	0.17	2.05	0.21	0.65	0.579
实用理想	1.00	0.65	1.10	0.64	0.74	0.68	0.80	0.69	1.87	0.137
审美理想	0.93	0.59	0.88	0.65	1.23	0.66	1.00	0.72	2.27	0.084
审美欣赏	1.90	0.31	1.98	0.14	1.97	0.18	2.00	0.01	1.56	0.201
审美创造	1.69	0.89	2.02	0.86	2.26	0.77	2.00	0.85	2.27	0.084
审美表现	2.17	0.76	1.94	0.85	1.61	0.71	1.90	0.91	2.41	0.070

对不同年龄人员的方差分析结果显示，在各个项目上的得分差异均不显著。但是，通过事后检验发现，22—28 岁人员与 28—34 岁人员在审美理想项目上得分差异显著，28—34 岁人员的得分显著高于 22—28 岁人员的得分（见图 2—4）；28—34 岁人员与 22 岁以下人员在审美创造和审美表现项目上得分存在显著差异，在审美创造项目上，28—34 岁人员的得分显著高于 22 岁以下人员的得分（见图 2—5），但在审美表现上，28—34 岁人员的得分显著低于 22 岁以下人员的得分（见图 2—5）。

表 2—6 不同职业人员在各项目上的得分情况及方差分析结果

	学生		教师		专业人员		非专业人员		F	p
	M	SD	M	SD	M	SD	M	SD		
实用功能	1.79	0.91	1.55	0.88	2.03	0.93	2.06	0.89	2.21	0.090
审美功能	2.00	1.04	2.45	0.88	1.97	0.93	1.83	0.87	2.64	0.052
实用理想	1.12	0.68	0.71	0.69	1.00	0.58	0.94	0.67	2.14	0.098
审美理想	0.82	0.62	1.16	0.73	1.00	0.58	1.00	0.67	1.43	0.238
审美欣赏	1.94	0.29	2.00	0.00	1.97	0.18	1.94	0.23	0.63	0.593
审美创造	1.74	0.99	2.10	0.87	2.23	0.72	1.97	0.77	2.00	0.117
审美表现	2.15	0.89	1.84	0.89	1.77	0.72	1.86	0.76	1.36	0.258

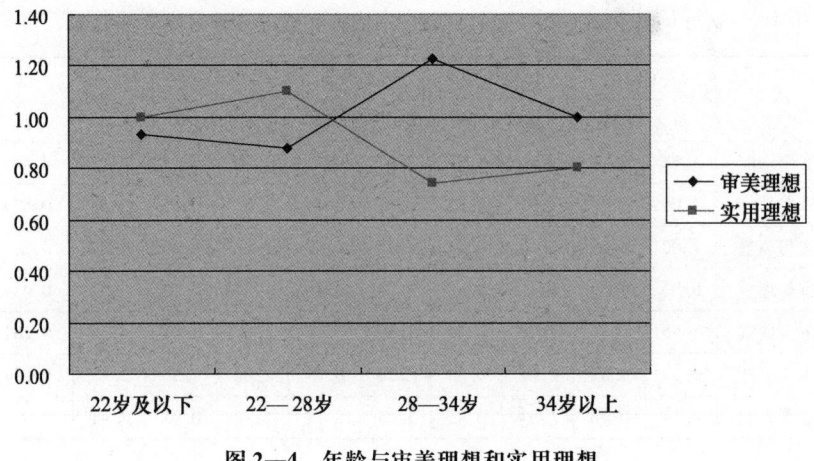

图 2—4　年龄与审美理想和实用理想

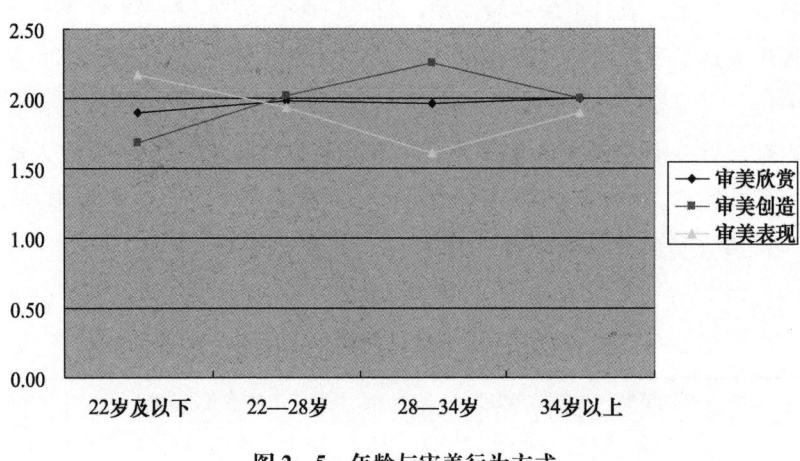

图 2—5　年龄与审美行为方式

对不同职业人员的方差分析结果显示，在各个项目上的得分差异均不显著。但是，通过事后检验发现，在审美功能和实用功能上，教师与专业人员以及非专业人员得分差异显著，教师在实用功能上的得分显著低于专业人员和非专业人员的得分，但是教师在审美功能上的得分显著高于专业人员和非专业人员得分（见图2—6）。在审美理想和实用理想上，教师与学生的得分差异显著，教师在实用理想上的得分显著低于学生的得分，但是教师在审美理想上的得分显著高于学生的得分（见图2—7）。

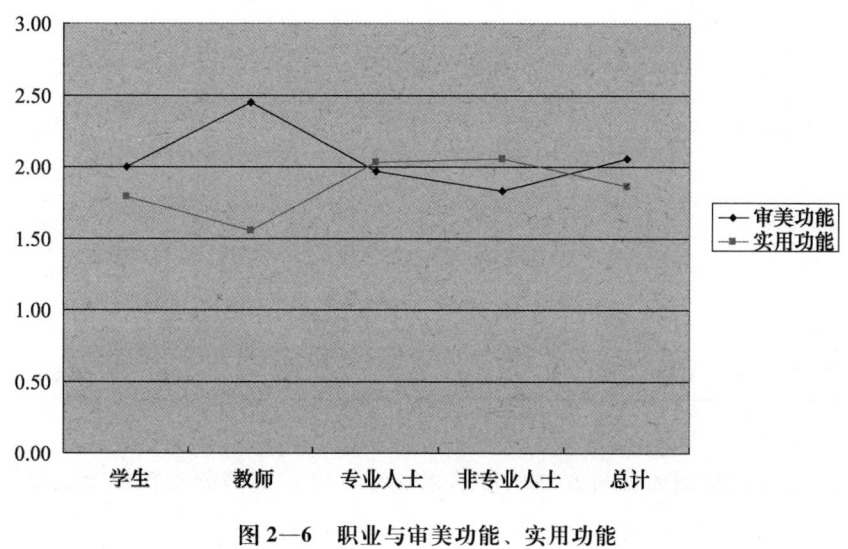

图2—6　职业与审美功能、实用功能

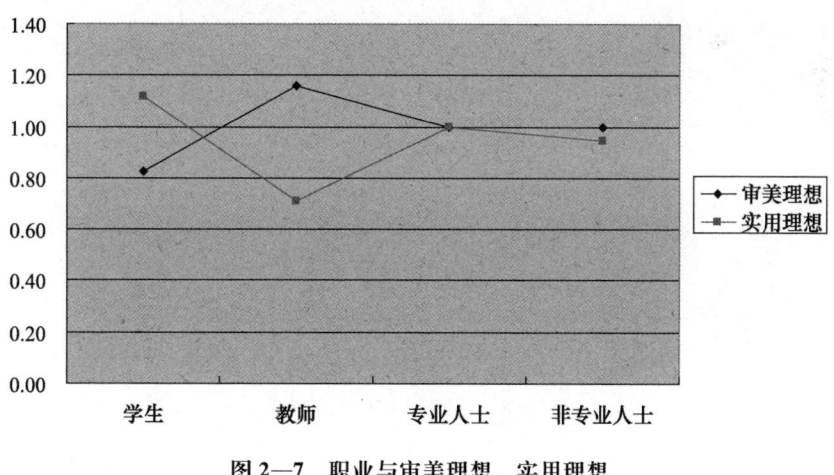

图2—7　职业与审美理想、实用理想

表2—7 不同性别人员在各项目上的得分情况及方差分析结果

	男		女		F	p
	M	SD	M	SD		
实用功能	1.85	1.00	1.88	0.78	0.02	0.894
审美功能	2.01	1.05	2.11	0.82	0.31	0.580
实用理想	0.99	0.67	0.89	0.67	0.62	0.431
审美理想	0.96	0.64	1.04	0.68	0.42	0.519
审美欣赏	1.93	0.25	2.00	0.00	3.94	0.049*
审美创造	1.96	0.85	2.05	0.88	0.38	0.540
审美表现	1.88	0.78	1.95	0.88	0.21	0.615

对不同性别人员的方差分析结果显示，仅在审美欣赏项目上的得分差异显著，女性审美欣赏的得分显著高于男性的得分（见图2—8）。

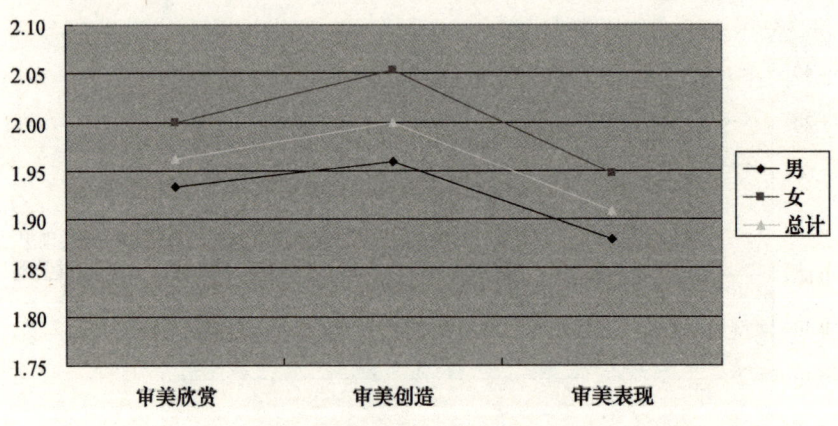

图2—8 性别与审美行为方式

表2—8 不同手机使用时间人员在各项目上的得分情况及方差分析结果

	1—3个月		3—6个月		6—12个月		12—18个月		18—24个月		24个月以上		F	p
	M	SD	M	SD	M	SD	M	SD	M	SD	M	SD		
实用功能	1.58	0.58	1.76	0.75	2.03	0.89	1.89	0.90	1.60	1.05	2.11	1.13	1.441	0.214
审美功能	2.31	0.62	2.24	0.75	1.97	0.89	1.83	1.09	2.13	1.12	1.86	1.15	1.001	0.420
实用理想	0.77	0.51	1.12	0.85	1.17	0.59	0.71	0.89	0.60	0.73	1.00	0.67	2.236	0.055
审美理想	1.04	0.59	0.88	0.85	0.83	0.59	1.00	0.48	1.27	0.79	1.00	0.67	0.983	0.431
审美欣赏	1.96	0.19	1.94	0.24	2.00	0.00	1.89	0.32	1.87	0.35	2.00	0.00	1.501	0.194
审美创造	2.04	0.87	1.65	0.79	2.23	0.86	1.83	1.15	2.07	0.88	1.89	0.69	1.225	0.301
审美表现	1.88	0.77	2.24	0.83	1.70	0.88	1.94	0.94	1.67	0.82	2.11	0.69	1.545	0.180

对不同手机使用时间人员的方差分析结果显示，在各个项目上的得分差异均不显著。但是，通过事后检验发现，在实用功能上，使用智能手机1—3个月人员与使用智能手机24个月以上人员的得分差异显著，使用智能手机24个月以上人员在实用功能上的得分显著高于使用智能手机1—3个月的人员的得分（见图2—9）。在实用理想和审美理想上也存在差异，使用智能手机6—12个月的人员实用理想的得分显著高于使用智能手机18—24个月的人员的得分，但是，使用智能手机6—12个月的人员审美理想的得分却显著低于使用智能手机18—24个月的人员的得分（见图2—10）。

结果4：人口学与各项目之间交互作用分析

重复测量方差分析发现，学历与不同类型理想之间交互作用显著（$F=3.62$，$p<0.05$），简单效应分析显示，高中生的审美理想与实用理

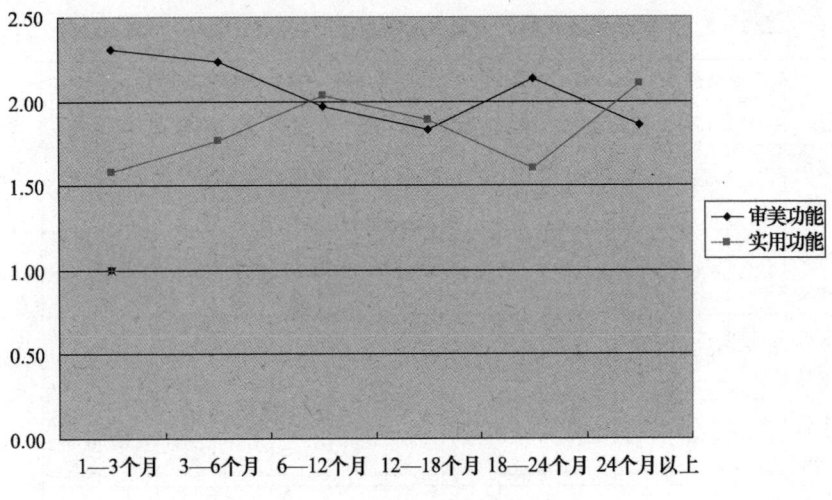

图 2—9 使用时间与审美功能、实用功能

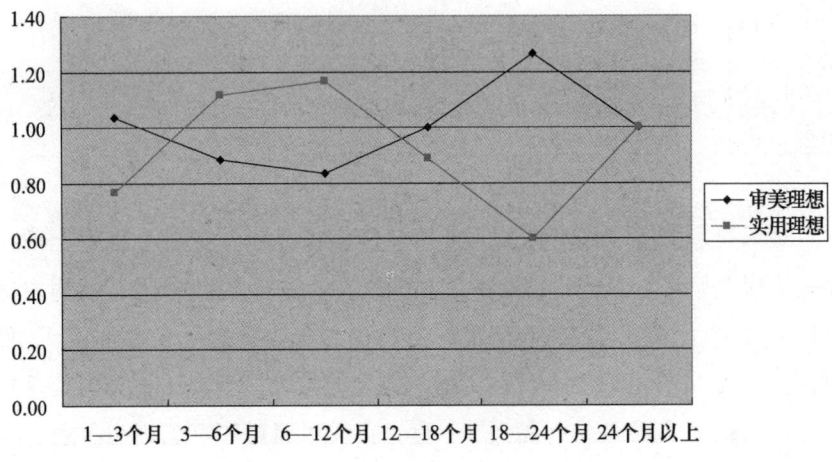

图 2—10 使用时间与审美理想、实用理想

想之间得分差异显著，高中生的审美理想得分显著高于实用理想（见图 2—11）。

重复测量方差分析发现，年龄与不同审美行为方式之间交互作用显著（$F = 2.44$，$p < 0.05$），简单效应分析显示，28—34 岁人员的审美表现得分显著低于审美创造和审美欣赏的得分（见图 2—12）。

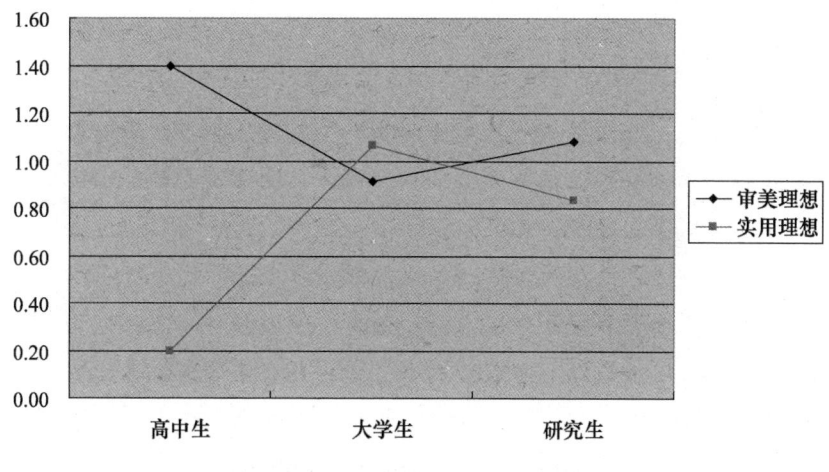

图 2—11 学历与审美理想、实用理想

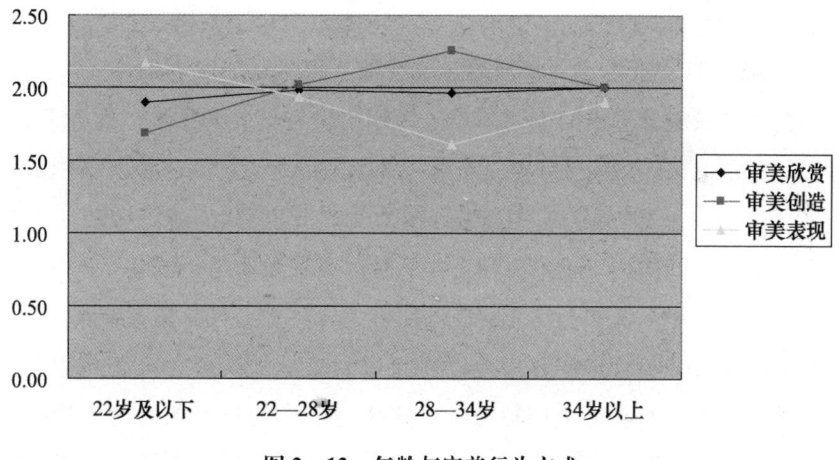

图 2—12 年龄与审美行为方式

重复测量方差分析发现，学历与不同类型审美行为方式之间交互作用显著（F = 2.86，p < 0.05），简单效应分析显示，高中生的审美欣赏、审美创造和审美表现得分差异显著，审美表现得分最高，审美欣赏得分次之，审美创造得分最低（见图 2—13）。

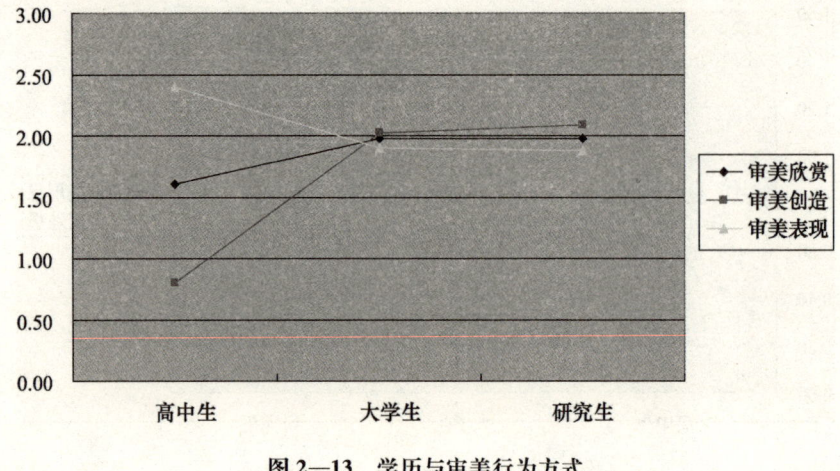

图 2—13 学历与审美行为方式

（六）结论

1. 媒介的"人性化"发展趋势也就是"审美化"发展趋势

在如果只能留下一种媒介，会选择什么媒介工具选项上，选择书籍、电视和固定电话作为媒介工具的人数总共仅为 55 人，而选择电脑作为媒介工具的人数为 325 人，选择智能手机作为媒介工具的人数为 290 人。智能手机成为人们媒介工具的一种重要选择，经独立样本 t 检验，选择电脑作为媒介比选择手机作为媒介的个体在审美的功能上存在显著差异。（$t = -2.141$，$p < 0.05$）选择智能手机作为媒介工具的人员在审美功能上的得分显著高于实用功能上的得分，而选择电脑作为媒介工具的人员在以上两项得分上没有显著差异。经差异检验，不同的媒介工具在审美功能上存在显著差异，智能手机的审美功能最强；不同的媒介工具在审美欣赏行为和审美创造行为上存在显著差异。

因此，智能手机作为"第五媒介"，也是审美功能比以往媒介更强的媒介。根据美国媒介学家保罗·莱文森提出媒介的"人性化"发展趋势，后出现的媒介也是更"人性化"的媒介，通过本项调查，发现媒介的演变史，也是其审美功能不断增强的过程，由此可以说，媒介的"人性化"

发展趋势也就是"审美化"发展趋势。

2. 人们对优秀手机审美文化产品的开发具有强烈的需求

使用智能手机 1—3 个月的人员的审美功能得分（M = 2.31，SD = 0.62）显著高于实用功能得分（M = 1.58，SD = 0.58）（t = 3.34，p < 0.005）。在实用功能上，使用智能手机 1—3 个月人员的得分与使用智能手机 24 个月以上人员的得分差异显著，使用智能手机 24 个月以上人员在实用功能上的得分显著高于使用智能手机 1—3 个月人员的得分。在实用功能上，使用智能手机 1—3 个月人员的得分与使用智能手机 24 个月以上人员的得分差异显著，使用智能手机 24 个月以上人员在实用功能上的得分显著高于使用智能手机 1—3 个月人员的得分，使用智能手机 6—12 个月人员审美理想的得分却显著低于使用智能手机 18—24 个月的人员的得分。用户使用智能手机 1—3 个月的时候对审美功能的体验最强烈，然后下降，而实用功能则是 24 个月以上达到高峰。

智能手机在人们的审美生活中扮演着越来越重要的角色，使用之初可以带来强烈的审美新鲜感和体验感，但智能手机时代"内容为王"，手机内容产业的开发还远远没有跟得上人们审美需求的步伐，碎片化、平面化的内容随着时间的推移让人们逐渐产生了审美疲劳，随着使用时间的延长，手机的审美功能开始下降，但人们对于使用手机来实现自己审美理想的要求在 18—24 个月时达到最高峰，说明随着时间延长人们对优秀手机审美文化产品与审美资源的开发产生出强烈的需求和愿望。

3. 审美素养和媒介素养应该和谐发展

从智能手机用户的学历结构看，高中生的审美理想与实用理想之间得分差异显著，高中生的审美理想得分显著高于实用理想，在审美功能的得分上，虽然总体方差分析显示差异不显著，但是经过事后检验发现，高中生在该项目上的得分也显著低于大学生和研究生，大学生和研究生之间得分差异不显著。高中生的审美欣赏、审美创造和审美表现得分差异显著，审美表现得分最高，审美欣赏得分次之，审美创造得分最低。

高中生在智能手机审美功能得分上比大学生和研究生低，但高中生的审美理想却高于实用理想；高中生审美表现得分最高，审美创造得分最低；研究生审美创造得分最高，审美表现得分最低。说明我们对高中生的审美素养和媒介素养应该和谐发展,手机内容与功能的开发还没有满足高中生比较强烈的审美需求。

4. 智能手机在社会审美教育上应该发挥更大的作用

22—28 岁人员与 28—34 岁人员在审美理想项目上得分差异显著,28—34 岁人员的得分显著高于 22—28 岁人员的得分。28—34 岁人员与 22 岁以下人员在审美创造和审美表现项目上得分存在显著差异,在审美创造项目上,28—34 岁人员的得分显著高于 22 岁以下人员的得分,然而,在审美表现上,28—34 岁人员的得分显著低于 22 岁以下人员的得分。

对不同年龄阶段智能手机使用人群来说,28—34 岁人员审美理想得分显著高于 22—28 岁人员,说明当前社会审美教育这一部分比较薄弱,导致 22—28 岁刚大学毕业或研究生毕业的群体更加追求现实的功利性、实用性,忽略了审美方面的精神满足。28—34 岁群体更加成熟,人生阅历和知识积累更加丰富,使用智能手机进行审美创造显著高于 22 岁以下群体,而 22 岁以下群体则更加注重审美表现,在审美表现方面显著高于 28—34 岁群体。

5. 教师与学生在手机实用功能与审美功能使用上应该相互沟通交流

教师在实用功能上的得分显著低于专业人员和非专业人员的得分,但是教师在审美功能上的得分显著高于专业人员和非专业人员得分。在审美理想和实用理想上,教师与学生的得分差异显著,教师在实用理想上的得分显著低于学生的得分,但是教师在审美理想上的得分显著高于学生的得分。学生审美表现行为最高,审美创造行为最低;教师审美创造行为最高,审美表现行为最低。

在实用功能与审美功能上,教师与学生可以相互沟通交流,学生能够让教师增加智能手机的实用功能,而教师则可以提高学生的审美素养,这样教师可以改善审美表现行为,学生则可以改善审美创造行为。

6. 手机审美内容的开发应该区分不同性别的审美需求

使用智能手机的女性对于智能手机的审美需求大于实用需求,而男性则是实用需求大于审美需求。女性在三种审美行为方式上得分都高于男性,但只有审美欣赏的得分显著高于男性的得分。

在智能手机创意产业开发上应该增加对男性有吸引力的审美内容，同时注重开发女性题材的内容来满足女性的审美需求。

三　本章小结

1. 智能手机带来新的审美生活，导致审美心理与审美方式的变化，出现了崭新的移动审美方式。

2. 媒介的"人性化"发展趋势也就是媒介的"审美化"发展趋势。

3. 智能手机时代"内容为王"，必须大力发展手机创意产业，打造优秀手机审美文化产品，满足人们对手机文化的审美需求。

4. 以智能手机为平台，综合运用学校教育与社会教育，通过审美素养和媒介素养的培养和谐发展，可以让手机媒介为全民审美素质的提高服务。

第 三 章

形态表现与价值阐释

马歇尔·麦克卢汉提出"媒介是人体的延伸"的著名论断，认为媒介可以复制甚至是延伸、扩大人体的感官与功能，从而影响人们对于信息的获取方式甚至是人与人之间的交流方式。"技术的影响不是发生在意见和观念的层面上，而是要坚定不移、不可抗拒地改变人的感觉比率和感知模式。"[①] 报纸需要眼睛看，是人视觉的延伸；广播需要耳朵听，是人听觉的延伸；电视需要眼睛和耳朵共同参与，是人视觉和听觉的联合延伸；互联网不仅眼睛能看到、耳朵能听到、手还必须进行操作，是人的中枢神经和其他感觉的共同延伸。而手机在诞生之初是为移动通话服务的，被视为人耳与嘴的延伸。随着技术的不断革新，短信、彩信、彩铃甚至是手机电影、手机电视、视频通话相继出现，提供文学、音乐、电影、电视等多种审美服务，因此实现了对人体各种感官的综合延伸。

在此之前，包括电影、电视、互联网在内的电子媒体，都没有实现对人类的腿的解放与延伸。正如保罗·莱文森所言："人类有两种基本的交流方式：说话和走路。平面媒体以纸张为载体，通过印刷文字和图片表述传播者要对人们说的话；电子媒体更神奇，电报能千里送话传书，广播能由一个主持人对千百万听众说话，电话能使人远隔重洋通话交谈，而电脑则把人类一切媒介集于一身。但是无论这些媒体如何的神奇，它

---

① Willmott Glenn. Mcluhan, or Modernism in Reverse [M]. Toronto: University of Toronto Press, 1996: 46.

们都分割了说话和走路。"① 手机的出现，则改变了这种割裂状态，人们边走路边说话，可以达到最自然的交流状态。3G、4G 技术的发展，又进一步延伸了人类的各种感官。3G、4G 与 1G、2G 的最主要区别体现在传输数据的速度上，前者下载的速率至少为 384kb/s，能够处理图像、音乐、视频流等多种媒体形式，与传统手机业务最典型的区别就是 3G、4G 智能手机能够实现流媒体视频的应用。3G、4G 智能手机能够提供更高质量的通信服务，以及手机电影、手机电视、可视呼叫、视频分享等全新的功能，用户不仅可以随时从互联网上获取海量信息，还可以在第一时间将所拍摄的与自己生活相关的视频或照片实时分享到网上，并同时发表评论或转载。可以说，3G、4G 智能手机对人体的延伸更是前所未有的、突破时空限制的，它影响着人们的生活方式，深刻改变着当代的媒介格局。童晓渝等人指出："手机通过对传统媒介传播形态的整合而日益具备了媒体的特性，成为继第四代传播媒体——互联网之后的新兴传播媒介。具体而言，这种整合主要体现在手机传统的话音通话功能、手机短信对文本信息的呈现及手机多媒体视讯终端的日渐成熟。这种整合给人们的社会生活带来了巨大的影响，并由此揭开了人类传播历史的新篇章——移动传播时代。"②

"一切技术都具有点金术的性质。每当社会开发出使自身延伸的技术时，社会中的其他一切功能都要改变，以适应那种技术的形式……任何媒介（即人的任何延伸）对个人和社会的任何影响，都是由于新的尺度产生的，我们的任何一种延伸（或曰任何一种新的技术），都要在我们的事物中引起一种新的尺度。"③ 媒介技术的进步贯穿着人类社会发展的全过程，作为一种能够承载人类知识与思想的技术方式，它对于人类心智结构的影响比其他科学技术更加显著，不同阶段的媒介技术各具特色，每一种新的媒介技术的诞生，也都会催生相应的新的信息交流、思想传

---

① ［美］保罗·莱文森：《手机：挡不住的呼唤》，何道宽译，中国人民大学出版社 2004 年版，第 17 页。
② 童晓渝、蔡佶、张磊：《第五媒体原理》，人民邮电出版社 2006 年版，第 26—27 页。
③ ［加］马歇尔·麦克卢汉：《理解媒介——论人的延伸》，何道宽译，商务印书馆 2000 年版，第 35 页。

播方式，并重塑人们的审美心理与审美习惯，带来审美方式的变革。

一　移动互联时代手机媒体的审美特征

3G、4G、Wi-Fi 等通信技术带来了信息传播方式和效率的革命性的变化，其传播方式的颠覆性、对人们生活影响的深远性，以一种技术性的力量改塑着我们对时间和空间的认知，重新建构着社会关系和人们的感知方式。

信息传播方式的演进必然影响和促成审美观念的变迁，方兴未艾的手机传播为人类创造了全新的信息交流方式和审美感知世界的方式，它催生了新的人际关系和交往方式，孕育着新的审美精神，刷新和激活了自由与共享、自主与平权、互助与奉献、开放与兼容等现代审美意识，极大地拓展了人们的审美空间。手机媒体以审美交互的主体性、审美客体的虚拟性、审美体验的主动性及审美创作的个性化、生活化为审美特征，对传统的审美方式无疑是一个冲击和颠覆，它丰富了人们的审美体验，带来了人们审美生活的深层变化。

（一）审美交互主体性

手机媒体受众与传统媒体受众的区别是他们不再是传播过程的终点，而成为促使信息进一步传播的起点。在手机传播中没有绝对的传播者和受传者的概念，双方共同构成交互传播的主体，彼此通过信息交互处于你来我往的互动状态。

手机所带来的移动通话、移动博客和群发短信等诞生了特有的手机人际传播和大众传播新方式。与其他任何一种传统媒体相比，手机在最大范围内实现了几乎在同时进行的"双向循环"传播模式，手机强化了奥斯古德与施拉姆强调的"社会传播的互动性"，"参与传播过程的传受双方都在不同的阶段扮演编码者、释码者和译码者的角色，双方执行相同的职能"[①]。

---

① 孙庚：《传播学概论》，中国人民大学出版社 2010 年版，第 26 页。

手机传播的传受双方在传播过程中不仅是主体平等的关系，更难能可贵的是，这种信息交互活动的即时性让双方信息传播的编码、传递、解码、反馈在手机媒体的双向线性传递中高速运行，第一时间实现双方符号和意义的表达。

湖南卫视"超级女声"初兴时期，手机短信投票活动让大众深刻感受到了手机媒体的及时交互乐趣，特别是在"超级女声"决赛期间，跟随着电视台的直播，移动运营商的短信数量直线上升，在满足了大众的审美表达的同时，移动运营商和电视台也赚足了腰包。当前，网络微博、通过手机微博方兴未艾，手机微博可随时随地了解明星微博动态及跟踪好友信息，即时发表、回复、评论微博成为当今青少年的一种新的审美体验方式。尤其在进入移动互联时代后，随着无线网络的完善和手机功能的升级，图像、动画、视频流的编辑操作变得更加容易，手机用户甚至可以个人即时拍摄视频、即时编辑、即时上传，并能得到即时的受众反馈。

保罗·莱文森说："人类有两种基本的交流方式：说话和走路。可惜，自人类诞生之日起，这两个功能就开始分割，直到手机横空出世。"[1]说话是人类传播信息的基本方式，将其与走路联系起来，表明信息的一种移动传播新方式。手机带来了传播方式的变革，现代通信与网络技术让人们在移动中可以根据自己的审美兴趣来进行审美活动，创造了手机移动化的交互审美。

（二）审美客体虚拟性

虚拟是人类社会发展到数字化时代的特定产物。"在我们的时代，虚拟特指用0—1数字方式去表达和构成事物以及关系，具体地说，虚拟是用数字方式去构成这一事物，或者用数字方式去代码这种关系，从而形成一个与现实不同但却有现实特点的真实的数字空间。"[2]虚拟技术使得

---

[1] ［美］保罗·莱文森：《手机：挡不住的呼唤》，何道宽译，中国人民大学出版社2004年版，第16页。

[2] 陈志良：《虚拟：人类中介系统的革命》，《中国人民大学学报》2000年第4期。

人类能够随心所欲地收集信息、传递信息、创造信息。

数字虚拟技术所带来的巨大变化首先体现在人类的审美对象中，也就是审美客体。从人类文明发展的历史看，艺术门类几乎没有发生什么大的变化，音乐、舞蹈、绘画、戏剧、雕塑、建筑、文学在古代就已经具备，随着工业革命和近现代科学的发展，诞生了摄影、电视、电影等新的艺术门类，但是数字技术带来的却是一种崭新的、从未有过的巨大变革。以往的艺术门类都是拟态或者说是模拟的，而数字虚拟技术使人类能够将内心的任何想象展现出来，无论是迷离的幻想还是现实中不存在的离奇怪声，数字虚拟技术带来了虚拟化的审美对象。

数字虚拟技术使得人类可以脱离现实中的物质世界，进入一个虚拟世界，它是那么的逼真，几乎可以代替整个现实的世界。在虚拟的空间中，人们可以像在现实生活中一样，购物、交友、结婚甚至性爱。今天，技术与艺术结合得如此紧密，虚拟技术有了替代一切艺术门类的可能，丹尼尔·贝尔说："目前居统治地位的是视觉观念，声音和景象，尤其是后者组织了美学，统率了观众……当代文化正在变成一种视觉文化。"[1]虚拟数字技术让我们进入了一个数字图像的世界。

马歇尔·麦克卢汉说"媒介即人的延伸"，那么手机无疑就是对人类视觉、听觉感官的延伸，智能手机不仅满足了人们即时通讯交流的愿望，而且光怪陆离、震撼人心的虚拟画面和高保真声音也从图像化的"视觉文化"理念上颠覆了传统的审美秩序。可视对话、移动博客、手机影视等使人与人之间的交流方式日益图像化、数字化、虚拟化，手机把我们带入移动的数字化时代，虚拟的审美对象可以随时随地给我们带来各种满足感和幸福感。

（三）审美体验主动性

在娱乐文化和时尚消费的社会语境下，当代青少年群体选择、购买手机的目的与动机，已不再仅仅是简单的通话功能。语音通话、短信这

---

[1] ［美］丹尼尔·贝尔：《资本主义文化矛盾》，赵一凡译，上海三联书店1989年版，第156页。

类基本功能几乎成为可以忽略的因素，人们关注得更多的是手机好看、好玩的时尚娱乐元素：造型（如直板、滑盖、翻盖、旋转盖）、娱乐功能（如拍照、摄像、录音、蓝牙、触屏、导航、网上游戏）、功能效果（如像素、音乐播放音质、大屏幕、软件）等。

智能手机网络游戏的审美诱导充分延伸了当今人们审美体验的"超构性"，即玩家在手机网游中获取的审美体验超越现实生活、超越个人经验而在进行着崭新的虚拟意义构建。手机在线网游，可以随时随地将玩家由现实空间带入"赛博空间"，即数字技术和全球网络所创造的虚拟空间。这个"赛博空间"由手机新通道多维地穿插进人们的现实空间，让用户可以在逃离现实空间的时候将精神甚至生理即时、临时进入"赛博空间"，人们主动获得一种对现实空间的摆脱感。人的"这种逃离和不在场欲望与审美体验必然相关"①，手机网络游戏利用人们零散的时间在虚拟的"赛博空间"体验网络互动娱乐和人际沟通的乐趣。在游戏中玩家之间可以合作过关或互战对决，在线即时聊天，互动交流……游戏之外，用户也可在网络社区交流游戏心得，交易游戏装备，展示个人专属空间等，就像让·波德里亚所揭示的一样，"数字化的冷酷宇宙吞噬了隐喻和转喻的世界，模拟原则既战胜了现实原则，也战胜了快乐原则"②。人们可以自主地进行时尚的数字生活审美体验，但同时也出现了诸如信息污染、色情泛滥、人情隔膜等负面效应，3G时代的手机审美文化建设显得极为必要和迫切。

人们对手机审美体验的获取是积极的、渴求的，希冀可以将一切媒介的娱乐功能与审美体验高度集成在手机上，把手机变成获得视觉、听觉、触觉等多重感官体验和神经刺激的个人审美体验终端。手机使人们不仅是一个客观世界的被动接受者，而成为一个主动创造者，可以把自己内心的任何想象通过手机建构出来。未来的手机还会成为数码相机、MP3随身听、PDA、PSP、iPad等独立电子设备的真正终结者。

---

① 刘自力：《新媒体带来的美学思考》，《文史哲》2004年第5期。
② Jean Baudrillard, Poster Mark. Jean Baudrillard：Selected Writings [M]. Stanford：Stanford University Press, 1988：147.

（四）审美创作个性化、生活化

新媒体出现，人类首次实现了"从原子到比特"的飞跃。尼葛洛庞帝说："比特没有颜色、尺寸和重量，能以光速传播。它好比人体内的DNA一样，是信息的最小单位。"① 比特集合而成的手机数字化艺术作品，具备数字性、移动性、日常生活性等特点，让人人都可以参与比特集合的审美创造和审美交流，实现人人都成为"艺术家"的梦想。

过去，人们长期无法摆脱被动接受媒介信息的宿命。传统媒介相对手机等新媒体而言，更多地表现为精英审美文化的表达工具，大众对媒体信息的传播几乎不具有可控性和个性化参与，往往体现为对信息的被动、被迫、无奈接收。而手机建立起来的移动互联网的信息传播方式，几乎是没有参与限制的人人交流平台，人们手中的手机不仅是接受信息的工具，更是发布信息、参与传播活动的工具。这种对信息的延续传播，不是一成不变的复制和重复，而是加入了手机用户的审美创造的个性化、生活化的表达。

应该说，当前火热的Youtube、土豆、优酷等视频网站就是手机影像大众参与平台的雏形，"网络拍客"和"网络看客"最终将摇身变为"手机拍客"与"手机看客"。极端地说，传统受众已经消失，只有新型生产型消费者，每个人在作为信息接受者的同时，又担负着传递信息的职能。②

人们热衷于借助手机媒体参与审美创作活动，正是因为新的媒体技术以改变信息传播方式的途径消灭了信息和话语权的垄断，为大众提供了可以自己创作、传播内容和复制、改编、增补已有信息的功能——尽管质量良莠不齐，但却极大地丰富了手机媒体的信息类型、信息风格和信息量等，将手机用户推到了信息创作者和传播参与者的位置。

人类发明并利用手机媒体，创造了手机艺术，反过来，手机艺术又

---

① ［美］尼葛洛庞帝：《数字化生存》，胡泳、范海燕译，海南出版社1997年版，第24页。

② 田青毅、张小琴：《手机：个人移动多媒体》，清华大学出版社2009年版，第36页。

进一步激发了人类审美创造的热情和兴趣，进而促使人们在手机传播活动中更有意义地参与和创造，个性化、生活化的手机艺术作品大大丰富和发展了大众的审美创造能力。

手机诞生之初，本是进行信息传播的工具，然而在现代通信技术的支持下，如今的智能手机"比电脑更普及，比报纸更互动，比电视更便携，尤其是手机已经显示出超越其他媒体的一些特性来"[1]，"是具有通信功能的迷你型电脑"[2]，已然当之无愧成为独具全媒体功能的"第五媒体"。手机媒体以其特有的审美功能和特征为用户不断带来审美的新快感、新体验，带来了一种新的移动审美生活方式。

二 移动审美方式形态表现

在上一章中通过智能手机移动审美行为方式调查问卷及采用 SPSS17.0 软件包对数据进行统计分析得出如下结论：1. 经差异检验，不同的媒介工具在审美功能上存在显著差异，其中智能手机的审美功能最强；2. 人们使用不同的媒介工具在审美欣赏行为和审美创造行为上存在显著差异，其中使用智能手机审美创造行为最高，审美欣赏行为次之，审美表现行为较低；人们使用电脑则三种审美行为相差不大。

通过上一章的结构式访谈和问卷调查得出结论：媒介的人性化发展趋势其实质就是媒介的审美化发展趋势，越是增强审美的功能，就越是可以成功地实现现代科技的目的。智能手机的出现整合了以往媒介的功能，并且审美功能更强，具体来看，智能手机与电脑媒体比较，人们的审美欣赏行为、审美创造行为和审美表现行为更加丰富、精彩，人们的审美行为与方式更趋多样化、多元化、个性化和更加富于创造性。无论是临睡之前躺在床上欣赏手机视频，还是在上班途中阅读手机报、手机小说或午间休息在移动互联网中自由地选择音乐作品，智能手机让随时随地的审美体验成为现代人生活方式的重要内容。

---

[1] 刘洪清：《风生水起的"第五媒体"》，《青年记者》2006 年第 16 期。
[2] 匡文波：《手机媒体概论》，中国人民大学出版社 2006 年版，序言。

智能手机媒介技术的设计创造也越来越人性化地考虑到人体全方位的感官解放和操作感受等。美国苹果公司 iPhone 系列手机便是技术与人性结合的典型例子，有人曾经说三个苹果改变了世界，一个诱惑了夏娃，一个砸醒了牛顿，一个握在乔布斯手中，这三个苹果分别象征着欲望、知识、激情，或者说分别代表着诱惑力、求知力和创新力。乔布斯最高明的地方就在于，他把科技产品做成了一件富于情感的艺术品，让这个品牌产生了一种魅力，从而使人们对苹果的产品产生了一种本能的期待。苹果的系列产品，改写了冷冰冰的机器和人性对峙的状态，实现了科技和艺术最完美、最有生机、最人性的结合；对整个信息电子行业来说，苹果改写了电子信息行业的生态链，改写了当代科技的历史，改变了全球的技术、媒体和人们的生活。曾经风靡全球的 iPhone4 手机首次采用了多点触控和全页面浏览显示技术，只需手指轻轻地点、触、按就可以实现不同的操作效果，极具个性的界面大大增强了用户的使用乐趣与舒适度，大大解放了人的视觉、听觉和触觉的感官系统。iPhone5 新增语音控制系统被认为是一场革命性的变化，语音识别是人类沟通和获取信息最自然、最便捷的方式，语音的便利性会越来越突出。最新的 iPhone6 Plus 进一步采用 5.5 英寸 Multi Touch 显示屏，分辨率达 1920×1080 像素的 FHD 级别，图像更加清晰，机身背部设有一枚 800 万像素的 iSight 摄像头，采用 5P 镜头单位像素尺寸达到 $1.5\mu m$，包含 True Tone 闪光灯，并且支持光学防抖以及 1080P 视频录制等功能，核心方面内置全新 64 位苹果 A8 处理器＋M8 协处理器，闪存采用 16GB/64GB/128GB ROM 的配备，搭载正式版 iOS 8.1 系统。也许未来的某个时间节点，人们与智能手机的交互形式将主要通过语音识别进行，就像人们面对面的交谈一样。触摸只限于玩游戏或者浏览网页，只要语音识别技术能做的事情，统统交给语音识别软件或者芯片来执行。我们即将步入"人机交互"的新时代。

在现代媒介环境中，面对巨大信息量的冲击，人们处理并深刻分析信息的时间越来越少，对纯文字类的接受能力降低，导致人们在接受和交换信息的过程中，也越来越习惯于图像化的接受、思考与表达方式，在移动传播时代，越来越多的社会生活被纳入到手机技术系统的框架内并被编码为图像或声音,人们越来越习惯于使用手机来获得感知世界的经验。与此同时,手机自身也正在演变成人们日常生活的一种仪式和景观,语音识别即将开启的"人机交互"时代,进一步改变着机器与人的关系,因移动互联技术而生的移动审美方式正在快步向我们走来。移动审美方式的形态表现就是指由于智能手机的广泛使用,出现了新的审美行为方式,表现出了新的审美欣赏行为、审美创造行为和审美表现行为。

(一)审美欣赏新方式——手机阅读

朱立元指出:审美欣赏是主体对客体进行感受、体验、鉴别、评判和再创造的审美心理活动过程。又称"审美鉴赏"。[①] 它使主体在审美认知中获得情感的愉悦和性情的陶冶,一个时代审美欣赏的爱好和趣味,影响着这个时代的审美取向。

在当今这样一个快节奏的信息社会中,憧憬着静坐在群书环绕的书房里品文字、闻书香,无疑已经成为一种奢望。随着生活节奏的加快,人们的移动性越来越强,阅读时间被分散,读者需要更加便捷的阅读方式,在公交站台下、地铁车厢里、会议间隙中、等待电梯时……人们,尤其是有互联网阅读习惯的群体,都有潜在的阅读需求,但条件的限制使得打开电脑往往成为不可能,手机就成为满足随身、快捷阅读需求的最好载体。打开手机高速上网,不受时间、地点的任何限制,轻松享受手机阅读——这种新的审美欣赏方式带来的乐趣和海量信息带来的满足感、愉悦感。

手机的随身携带和随时可用的特性受到了大多数读者的欢迎,手机阅读的方式弥补了人们在散碎时间段落中被迫耗费时间的尴尬,"掌上图书馆"或"掌上阅览室"也同时满足了人们在短时间内最大化获取知识和讯息的需求,散碎的时间段落都可以用来获取知识和讯息或者说可以用来满足人们对阅读的渴望。据第八次全国国民阅读调查对外发布的研究结论,2010年我国18—70周岁国民数字化阅读方式的接触率增长幅度最大,达到32.8%,比2009年的24.6%增加了8.2个百分点,增幅为

[①] 朱立元:《美学大辞典》,上海辞书出版社2010年版,第71页。

33.3%。其中有23.0%的国民进行过手机阅读，比2009年的14.9%增加了8.1个百分点，人均每天手机阅读时长为10.32分钟，比2009年的6.06分钟增加了4.26分钟，增幅为70.3%。[①]以上数据显示，手机阅读正在快速发展，人们的阅读方式日趋丰富。

3G、4G的普及、无线网络发展（包括公用和私有Wi-fi的发展）和手机应用的创新，在为手机上网奠定了用户基础和网络基础的同时，既促使了更多用户便捷上网，也提升了用户体验，尤其是对各类大流量数据应用的使用，各类与生活联系紧密的手机应用不断在提升手机网民的使用动力。据艾媒咨询近期发布的报告，2014年年底中国用户已拥有5亿台智能手机，在过去一年中增长了150%，中国的活跃智能手机数已超过美国，从功能型手机全面转向智能手机意义深远。

可以预计，我国全面的移动互联时代不久将与全民手机普及的时代同时到来，智能手机时代的来临使人们的阅读终端开始加速从纸质媒体、电脑转移到手机上来。随着手机技术的不断完善，手机阅读这种新的审美欣赏方式越来越流行。各种社交媒体上人们的阅读分享随时随地可见，人们阅读图书可选择的方式也多了，为读书所付出的经济成本也越来越低。大有可为的是微信阅读，我们需要探寻微信阅读的机制，尤其是鼓励传统媒体人、作家等来占领微信平台，慢慢培养民众利用碎片化时间阅读的习惯。手机阅读人群以年轻人为主体，在生活节奏日益加快的今天，人们越来越倾向于移动阅读。2015年移动阅读覆盖人群达到17342.7万人，在2015年第一季度中，主流移动阅读软件掌阅、爱阅读、天翼阅读的好评度都在9分以上。

在这个工作、学习节奏快，竞争激烈的现代社会，手机成为阅读工具，读者在上下班途中都能随意、轻松地快速阅读，缓解社会压力，逃避和忘记日常生活的烦恼，获得随时随地的精神滋养。当前人们的手机阅读方式和观念正发生着深刻的变革，读者需要的不仅仅是悦目悦耳，还要求悦心悦神，审美欣赏过程就是选择、分析、判断、体验、品味的

---

① 中国新闻出版研究院全国国民阅读调查课题组：《"第八次全国国民阅读调查"十大结论》，《中国新闻出版报》2011年4月22日。

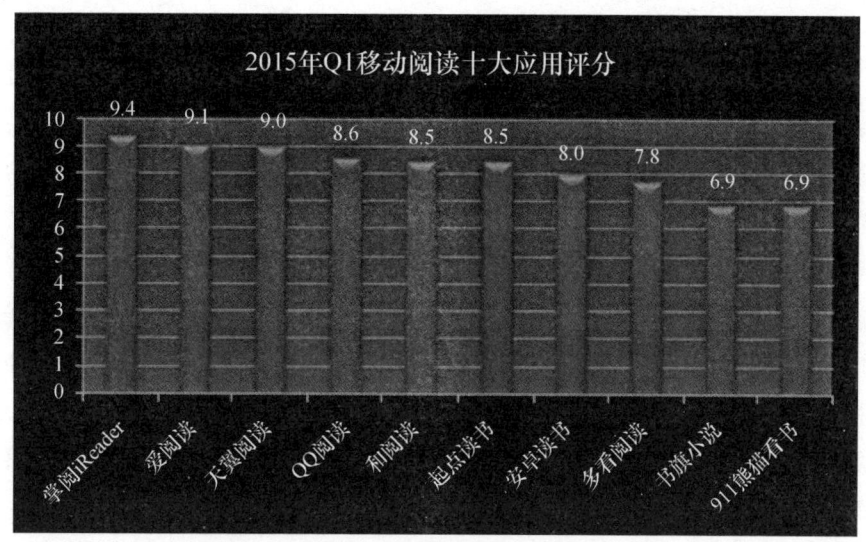

图 3—1　2015 年 Q1 移动阅读十大应用评分

图 3—2　渐成气候的手机阅读

一次审美心理活动过程，通过联想、想象、情感活动来把握对象的审美特性，从而产生审美的快感及达到审美主客体的融合，获得高度的审美享受。只有把握好读者的审美心理，使手机出版物从形式、内容到风格无不蕴含着美，让读者在阅读的过程中不断获得精神上的愉悦和享受，阅读中的审美主客体之间才会产生情感体验，激发共鸣，手机阅读才会成为现代人一种重要的欣赏方式和生活方式。

阅读活动实质就是审美活动，古往今来，品茶读书一直是人们不可或缺的一项休闲娱乐方式，阅读也和一个人的学识修养紧密相关。人们通过阅读扩大眼界，丰富知识，达到自我创新与自我超越，在马斯洛的需求层次理论中归属于人的自我实现，是一种最高的层次。手机阅读文本的数字化、网络化、移动化形态，使其与传统纸质文本相区别，读者的审美心理与传统阅读相较也出现了新的特征。审美心理是在审美实践中，主体以审美态度感知客体对象，从而在审美体验中获得情感愉悦和精神快活的自由心情。在手机出版时代，相较于传统阅读，读者审美心理也呈现出个性化审美需要、瞬时性审美体验、多元化审美价值取向等新特征。

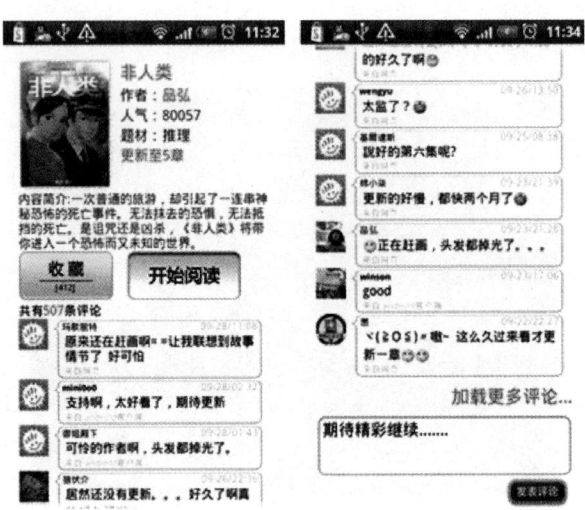

图3—3 手机阅读随时可以点击阅读，
也可以参与评论互动发表看法和观点

1. 个性化审美需要

同纸质阅读活动一样，手机阅读发生和实现的过程，依旧完成的是一种审美心理过程，是一个对象化的过程，也是主体客观化的过程，是读者在对象化的阅读中不仅获得信息，更重要的是获得精神愉悦和心理满足的过程。其阅读行为的发生和完成，阅读对象的选择、阅读行为方式的规范乃至阅读心态的调整，其实都直接来源于读者的审美心理需要。

"审美"是人对客观世界是否合乎自己的审美需要（生理快感和精神愉悦的需要）而进行的价值判断和情感体验活动。[①] 审美也是人主动地感受世界、认识世界、理解世界和融入世界的一种文化形式，审美的过程就是人与自然、人与社会和谐共融的过程。

审美需要，是欣赏和创造具有审美价值的事物以获得精神愉悦的一种要求，是一种重要的个性心理倾向性，是人们对审美活动的一种内在的情感欲望和要求，表现为对审美对象的形式、结构、秩序和规律的把握和感受的强烈愿望。[②] 审美需要既是审美活动的起点，同时也是终点，审美活动之所以成立，根本原因在于主体有审美需求。阅读的过程，就是审美的过程，在阅读中去发现美、欣赏美、创造美，获得更高的审美愉悦和精神享受，是读者进行阅读活动的深层次心理动机。

"第八次全国国民阅读调查"数据显示，一半以上的手机阅读群体集中在26周岁及以下。由于社会成长环境的不同，相较于他们重理性、重思考的父辈，这些"80后"、"90后"更加重感性、重形象、重视觉愉悦，互联网开辟出新的审美维度，也催生了崭新的审美理念和价值观念，这些年轻的阅读群体更容易接受新事物，对移动阅读运用也更加自如，传统出版单向度传输的艺术实践和审美关系，在数字出版时代变更为实时动态交互的在线审美关系，被动接受式审美阅读变更为主动随选式审美阅读，读者的审美需求越来越呈现个性化发展的趋势。

Web2.0阅读的新理念随之产生，读者不仅可通过手机阅读到色彩丰富、形式多样的期刊小说，更能对博客、微博、视频分享、社交网络、即时信息等进行分享交流。以ZAKER（扎客）为代表的免费聚合类阅读软件，可以根据用户喜好，将"报纸、杂志、博客、新闻资讯、团购、关注话题、RSS、Google Reader等"所有信息都聚合到一起，以最美观的

[①] 赵伶俐：《人格与审美》，安徽教育出版社2009年版，第101页。
[②] 郭成、赵伶俐：《美育心理学》，警官教育出版社1998年版，第142页。

形式提供给读者阅读,读者还可通过自定义功能,在海量的资讯中选择自己关注的内容,省去在各个网站来回选择的麻烦,使阅读更加简捷和个性化。未来的手机阅读还将为内容流动形成无缝整合空间,提供更加个性化的服务,如结合读者身份、位置、感知的应用将会使手机阅读内容更加精彩纷呈,如移动位置服务(基于位置可以开发出如移动导航、移动定位、移动地图、亲子通等多种服务)、移动互动阅读(结合地理信息、本地化服务等)。

手机阅读具有屏幕的互动性、富媒体性、便捷的动态下载阅读和极高的信息关联度等优势,能更好地满足读者的个性化需求,手机阅读逐渐成为主流的出版和阅读方式。

图3—4 爱阅读手机界面

针对不同的群体,App也推出了不同类型的阅读应用,通过不定期的页面的改版,内容的新增,动态图片、静态图片、音乐等的加入,使其更加人性化、个性化,以此来满足不同群体对于阅读欣赏的需求。如豆瓣一刻,一刻是豆瓣推出的优质内容精选应用,每天为用户推荐豆瓣上最新最有趣的文字和图片,包括精彩文章、热门话题、犀利评论、搞笑图片等统统一网打尽,精选内容短小精炼,让读者可以随时随地获得轻松一刻。

图 3—5　豆瓣一刻手机界面

2. 瞬时性审美体验

在审美活动中,一片自然风景为什么变成了"一个心灵的境界"①,而一首诗为什么可以千百年来引起不同人的"共鸣"呢?这里的根本在于审美体验(活动)。

在现代美学范畴,审美体验指人在对审美对象的感受和辨别中所达到的精神超越和生命感悟,马斯洛称之为高峰体验。在审美体验那个瞬间,人的感知、回忆、联想、想象、情感、理智等一切功能都处于最自由的状态,人的整个心灵暂时告别现实而进入自由的境界。② 使读者置身于愉悦的、创造性的、个性化的手机阅读之中,让他们在其中经历丰

---

① 叶朗:《现代美学体系》,北京大学出版社 1999 年版,第 444 页。
② 童庆炳:《童庆炳谈审美心理》,河南大学出版社 2008 年版,第 11 页。

富的情感体验，点燃情感的火花，使其在情绪的勃发与激动中进入审美的圣殿，唯有如此强烈的体验感才会深深激发读者进行手机阅读的欲望。

手机阅读也是"浅阅读"的代名词，便捷性、随身性是其优点，对于没有整块阅读时间的人群来说，在碎片化的时间里能阅读到或幽默，或深刻，或感人，或悬念迭出的故事、小说、散文或其他文化产品，能在散碎时间段落中随时随地去发现日常世界中的那些平凡琐事极其微妙的美感，用自己敏感的心灵去探究那种由于是精神的故而不易见到的妙处，获得瞬时而又激动人心的审美体验，唯其如此，才会让读者自觉增加手机阅读时长，改变传统的阅读习惯。

体验感或者说新感觉是什么，背后的驱动就是手机出版内容资源的整合，在阅读的过程中根据情节可以欣赏到相应的背景音乐或者图片，读书成为读图，手机阅读成为体验感更丰富、更有趣的阅读方式。如ZAKER（扎客）阅读软件不只在于简单、快捷，更将好玩、趣味的成分融入其中，ZAKER 版式精美大方，进入软件主页面，订阅的内容都以图文的形式，按照九宫格的排列方式呈现，华丽精美的排版，让枯燥的阅读变得更有趣味，增强了阅读体验感。

相较传统阅读，手机阅读是一种更轻松快乐的浅阅读，读者更注重视觉的享受，文字、图像可以没有意义，但一定要"养眼"，视觉效果一定要好，阅读中，不仅仅是汲取知识与教益，更为重要的是汲取快乐。最近苹果的一个杀手级应用 flipboard，让读者能够在一个比杂志更像杂志的界面上，浏览多个 SNS 服务和 RSS 订阅，flipboard 的广告方式清晰而有结构，这让读者在阅读广告时眼睛有舒服感，好的体验使人更容易产生消费的欲望。再如加拿大的 Skyky 文化传播公司推出的一款儿童双语读物 Skyky 应用，用中英文讲述童话哲理故事，搭配手绘图片，以生动活泼的形式来吸引孩子学习英文，除了能够帮助孩子更加轻松地学习英文，也能够帮助他们树立环保的意识，寓教于乐，给孩子带来阅读的乐趣。

3. 多元化的审美取向

手机作为第五媒体因其具有快捷性、多媒体、交互性、多界面、视

图 3—6　Skyky 界面

屏化、人性化等特点，可以充分地展示人类文化的魅力与神奇，如果说纸与笔、阅读与手写是人类社会具有悠久历史的一种传统文化，那么集声光电于一身、聚音字像于一体、汇采传受于一点的手机传播新模式，是当今人们认识世界、认识自我的一种重要的感知觉方式。当代手机阅读出现了新的特点：第一，可随时随地阅读，满足人们碎片化时间的阅读需求；第二，存储量大，成为随身携带的图书馆；第三，强化用户体验，塑造互动式阅读；第四，浅阅读特征突出：快餐化、随意性、跳跃式阅读；第五，读者人数众多；第六，可读、可视也可听，方式灵活多样。手机出版中的文艺产品，更多是用来供人消遣娱乐，手机文艺创作的过程往往就是在线交互的集体接龙、协商切磋。手机视频、手机音乐及手机软件应用综合利用人体视觉、听觉、触觉等多种感官传达通道营造出逼真的现场感，传统的印刷时代是以文字阅读为中心，而手机出版时代则使人们进入一个"读图时代"，风格化、时尚化、仿像化、奇观化的审美取向渐成潮流。

"在计算机建立的当代信息社会中，新媒体的出现使得数字化与图像化已经成为我们信息传达的重要方式，从某种意义上来说，也成为生活的重要内容和生存方式，同时，数字化与图像化也成为当代文化的基本趋势，对当代人的审美取向产生了巨大的影响。"① 审美取向是人们感知、判断和评价美时所遵循的审美价值尺度，当代读者在手机阅读上体现出了审美趣味、审美风格及审美理想的多元化趋向。

审美趣味是审美主体以主观爱好的形式表现出来的对客观美的认识和评价。现代生活方式的丰富多彩，导致人们呈现出快餐化、时尚化、个性化、娱乐化等趣味特征，手机出版商只有更加关注读者的心理需求与审美趣味，为读者所熟悉，才会被他们所选择。无论是手机阅读界面的设计，还是内容的编排，从版面布局、色彩搭配、文字形象、图形图像、动画效果、内容选择等方面，都应该首先从满足读者多元化的审美趣味需求出发。

手机阅读是消费性阅读，指向的是休闲与娱乐。如果传统阅读是倾向于一种膜拜式的阅读，那么消费性阅读则是一种享用式的阅读，这种阅读不必焚香净手，也无须正襟危坐，而只是一次小憩、一次休闲，甚或只是漫不经心的一瞥，或滑稽或幽默，或粗犷或豪放，或典雅或柔和，或悲壮或崇高，或调侃或戏谑，唯有多样化的风格内容才能满足现代读者多元化的审美取向。

在一个文化多元的时代，阅读理应是有着不同方式、不同层面及不同取向的多元阅读，它不仅要悦耳悦目，更应该悦心、悦志（道德精神的高扬）和悦神（最高审美境界）。阅读可以使人感到精神的充实，因为只有精神充实了，在人生的忙碌中人们才能感受到活着的价值和意义。当手机阅读等新的文化形式开始登上审美文化的舞台时，我们发现，现代视觉文化背后的审美缺失已经带来新的"视觉疲劳"，只有在阅读中满足读者更多元的审美理想，既重感性，也重理性；既平民主义式，也精英主义式；既平面化感受，也深层次阅读，这样的手机阅读才会是健康、和谐而又富于生机的阅读。

---

① ［斯］阿莱斯·艾尔雅维茨：《图像时代》，胡菊兰、张云鹏译，吉林人民出版社 2003 年版，第 168 页。

（二）审美创造新领地——手机 UGC

审美创造是人有意识地创造美好事物的心理活动、实践行为和创新成果。① 审美创造是人类认识世界、改造世界中创造性活动的重要组成部分，是合规律性和合目的性的统一，具有自主性、自觉性、自由性。审美创造是人的本性和人的生命活动的本质特征，表现了人的潜力，提高了人的能力，使人由自然的人变成为审美的人和具有创造力的人。

3G、4G 技术带来了高带宽、高速率，大大拓展了传输渠道，渠道的稀缺让位于内容的稀缺，移动互联时代"内容为王"，在移动网络平台中提供合乎受众需求的内容和服务，成为智能手机时代的典型特征。手机是"第五媒体"，也是继电影、电视、电脑后的第四块"屏幕"，简单将电影、电视内容搬上手机屏幕显然不能满足用户需求，如何让智能手机"屏幕"内容丰富起来，让"移动"的内容更加精彩，伴随着以提倡个性化为主要特点的 Web2.0 概念兴起了手机 UGC "用户生产内容"，即手机用户将自己原创的 DIY 内容通过移动网络平台进行展示或者提供给其他用户，在 UGC 模式下，用户不再仅仅是信息接受者或观众，而是成为智能手机内容的生产者和供应者，体验式移动网络服务得以更深入地进行。无论是手机音视频、短信、彩信还是手机文学作品、图片等，手机用户成为移动内容的生产创造者。被称为网络文化最敏感预言家之一的霍华德·莱茵戈德认为互联网的力量从电脑转移到手机上，诞生了全新的社会现象，产生了全新的沟通模式。②

4G 手机的出现，人们将有更广阔的空间来进行艺术的创造，使人人都能成为艺术作品的制作者，而不仅仅是参与者。《美图秀秀》是一款免费图片处理 App 软件，不用学习就会用。图片特效、美容、拼图、场景、边框、饰品等功能，加上每天更新的精选素材，可以让你 1 分钟做出影楼级照片，制作者制作完成后，可以通过智能手机上传微博、微信、QQ 空间及时与朋友互享。将拍摄的照片进行美图，表现出自己的风格和趣

---

① 朱立元：《美学大辞典》，上海辞书出版社 2010 年版，第 108 页。
② 张通生、杜丽芬：《后传播时代的手机媒体》，《新闻爱好》2009 年第 24 期。

味，已经成为大众审美创造的新途径。

图3—7 美图秀秀

　　信息传播的最终目标是突破时空界限，解放人类自身，实现随时随地的传播。随时带来了时间的自由，随地带来了空间的自由，而时间与空间都是现代经济最稀缺的资源。因而，以手机作为载体，实现媒介内容的移动化，给人类带来了价值的创造和提升。① 手机等数字化媒介的兴起使媒介的使用变得"碎片化"和"分工化"，重要的一点就是"微内容"（"微内容"是指形式短小，内容广泛，形态多样，生活化、个性化、平民化的手机内容）的崛起。过去大量不被我们重视的内容（个人的、非公共的内容）由于有了网络的平台，搜索工具的聚合功能，得到了凝聚，对以前的"巨内容"形成了挑战。UGC"用户生产内容"是"微内容"的重要来源，UGC的产生，标志着一个用户上传时代的来临。上传被誉为是第四大让世界变平的因素，平坦世界这个平台的创建不仅让更多人能够创作自己的内容，就创作内容开展合作；还让他们可以上传文

---

　　① 肖弦弈、杨成：《手机电视——产业融合的移动革命》，人民邮电出版社2008年版，第36页。

件，以个人方式或作为自发社区的一部分将这些内容传向全球，不用通过任何机构或组织。这种个人和社区的新生力量经常可以免费地创造、上传和传播自己的产品和观点，而不仅仅是被动地从商业企业或者传统机构下载这些东西，这是对创造、创新、政治动员和信息集散流程的根本改变。[①]

智能手机的诞生和发展，势必丰富人类艺术创造的手段，为人类艺术发展开辟前所未有的崭新空间，它对数字虚拟世界的创造和显现能力，对大大解放和促进人类的审美想象力和审美创造力影响深远，使艺术进入"只有想不到，没有做不到的时代"。在现代信息技术环境下，光、速度、符号、数字、音响、视频加上移动网络，使个性化、多样化的手机艺术作品透过移动互联网络以比特式复制形式四处传播，创作已经不再是艺术家的个人私事，复制已经不只是模仿，每一个参与传播的人都在进行新的审美创造，艺术作品与信息的区分不再清晰，听觉、触觉等其他感知器官也加入了审美的过程，手机传播者在庞杂的影像信息中，选择、过滤、重新组装，接收者也成了参与者，甚至也是艺术作品内容的提供者和作品创作的合作者。

"人"是审美的主体也是审美的传播者，又是最活跃的审美传播媒介。[②] 人在接收审美信息的同时也在传播着美，手机是人们随身携带的"影子媒体"，也可称为"人人媒体"，人们利用手机欣赏美、创造美，也传播美。手机摆脱了电话绳的限制，可以随人而移动，手机的技术进步与功能变革，为人们提供了一个较为丰富的移动性的审美空间，这不仅源于手机自身美学价值的提升，还源于手机提供了较为丰富的审美创造的途径，如手机短信、手机拍照、手机摄录功能等都为人们的审美创造提供了便捷条件，人们可以根据自己的审美趣味和审美价值观进行审美创造，移动互联网络让审美信息的交换与流转变得十分方便，大大激发了人们审美创造的热情和主动性，自主、自觉、自由地审美化创造让人

[①] [美]托马斯·弗里德曼：《世界是平的》，何帆、肖莹莹、郝正非译，湖南科学技术出版社2007年版，第314页。

[②] 曾耀农：《现代传播美学》，清华大学出版社2008年版，第214页。

变成为审美的人和具有创造力的人。

手机媒体的内容以多媒体的形式存在，文字、图片、音频、视频等各种媒体形式的内容都能从手机上获取，具有一种整合的信息传播优势。[1] Lifeblog 等手机软件可以自动将图片、视频、文本和多媒体信息整理到一个整洁的时间表中，使用户方便地浏览、寻找、编辑和保存，加之手机音视频拍摄、编辑、制作、传播、接收等功能的开发和普及，意味着媒体艺术创作向非专业化和个体化发展成为现实，手机艺术作品创作的过程往往就是在线交互的集体接龙、协商切磋，每一个手机用户都可以自己创作手机艺术作品，每一个人都可以成为移动传播时代的"艺术家"。智能手机使审美活动已经超出了所谓纯文学/艺术的范围，渗透到普通人的日常生活之中，带来一个审美化的生活世界。

马尔库塞认为："美学的根基在其感性中，人类的自由就植根于人类的感性之中。"[2] 智能手机使艺术生产和传播走向平民化、日常生活化，美感的发生、创造和传播更加自由和多样，大大丰富着人们的感性生活世界。2005年6月东方龙信息有限公司投资的国内首部手机互动情景剧《白骨精外传》正式开机，为城市中的"白领、骨干、精英"定制，每集只有5分钟；用户可直接参与电视剧的进展，通过手机 WAP 站点，用户可以一边看电视一边玩游戏，还可以发表实时评论，对剧情进行预测。[3] 手机电影作为崭新的电影形式，是一种"微电影"形态，与传统电影不同的是个人就可以制作。基于 3G 手机强大的媒体功能，可以组织起志同道合的"微电影"人，分别充当编剧、导演、演员及剪辑等，进行个人化的策划、编剧和拍摄，在充分交流和互动式讨论中制作出满足不同口味用户需要的个性化的手机电影。观众也可以改编，按照自己对主题、情节的理解，对原作加以改编并即时上传，互动性和观众参与制作，把观众从传统电影的被动接受中解放了出来，是手机电影对传统电影的彻底颠覆。如果说卡拉 OK 使人人可以体验当歌星，那么手机电影则使人人

---

[1] 肖弦弈、杨成：《手机电视——产业融合的移动革命》，人民邮电出版社2008年版，第38页。

[2] ［美］马尔库塞：《审美之维》，李小兵译，上海三联书店1989年版，第143页。

[3] 匡文波：《手机媒体概论》，中国人民大学出版社2006年版，第106页。

可以体验当导演、演员，手机电影极有可能成为一股新的娱乐潮流并"激发你的体验"，我们将迎接一个电影平民化时代的到来。

图3—8　中国第一部真正的手机电影，利用索尼爱立信手机 K750c 拍摄的电影短片《苹果》

人们甚至可以制作自己的手机杂志，2011 年 7 月，背景音乐响起，手机屏幕上显出文字"你收到新的手机杂志《西藏旅游攻略》，阅读请点确认"。打开后首先是一段手机拍摄的视频，晃动的画面中藏羚羊正在奔跑……伴随着神秘、空旷的音乐，传来"这是我在西藏旅游遇到的精彩好玩的事情和旅行中的记录，我编成了手机杂志，希望对大家到西藏游玩有所帮助"。随后出现手机杂志作者对着手机摄像头说话的镜头，这样的个人手机杂志包含了视频、音乐、音响、文字、图片等内容，饱含了创造者个性化的审美创造。

新近出现的《美拍》动态视频，不再只是与朋友分享生活的照片或静止的自拍，这款 App 可以给动态的视频加上滤镜，配上风格各异的音乐，让视频呈现 MV 或电影大片的效果。还有《食色》美食相机，随着在各大社交网站上晒美食之风的兴起，专门发现与分享城市中的美食的这款 App 应运而生，可以通过此 App 照美食，PS，保存图片并分享到你的微博、朋友圈等，更可以在软件内直接与其他使用者共同分享。

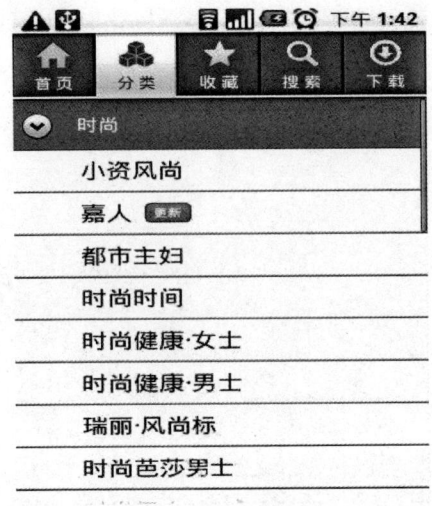

图 3—9　手机杂志界面

　　人类一直都有把自己看到的转瞬即逝的影像和听到的声音记录下来使之永存的意愿，而记录的方式不仅直接作用于美的创造，并且直接作用于美的传播和审美的效果。① 用户可以把自己创造出来的手机电影、手机电视、手机文学、手机音乐等艺术作品甚至看到的日常生活现象通过视频、图片和文字即时上传，也可以按照其他用户的评论或修改进行再创造和再上传，这就是伴随着 Web2.0 概念兴起的 UGC 即"用户生产内容"，不久的将来由用户生产出的这些"微内容"必将成为移动互联时代手机内容的重要来源。为了使自己生产出的艺术作品更具有吸引力，人们会更加重视自己的审美思维和作品的审美价值，在创作中充分展现自己的思想与情感，在大显身手的同时也不断提高自己审美的能力。智能手机大大提高了普通人进行日常生活式审美创造的主动权，他们会有意识地发现美并分享美，利用手机软件进行各种画面、图像和声音的合成，完成排列、组合、抽取、叠加、变形、虚化、重复、光化、强调和移接

---

　　① 贾秀清、栗文清、姜娟：《重构美学：数字媒体艺术本性》，中国广播电视出版社 2006 年版，第 58 页。

第三章　形态表现与价值阐释　　145

图 3—10　美拍

图 3—11　食色界面

等表现效果,审美的表达从时间转向空间,从深度转向平面,从整体转向碎片。

时至今日,智能手机已经不再是冷冰冰的、僵化死板的"物",而成为一个饱含生命气息的、灵动的"人",手机与人的关系也不再仅仅是人与物的主客关系,而仿佛成为熟人和朋友,体现出的是一种主体间性。手机与主人相伴,甚至 24 小时形影不离,它潜移默化地影响着创作者的审美意识和艺术表现方式,带来人们审美创造能力的改变。

(三)审美表现新舞台——手机微博、微信

> 手机微博可以随时随地去发布自己在生活当中的所思所想所做,人们总是想要把自己的真情实感和最完美、最漂亮的内容放在自己的微博上。但由于每个人的审美口味都不一样,如果内容不精彩、不好看,别人就不会去看,不会欣赏和接受。所以只有将自己的微博弄得更好看,才能够引来大家的关注。
>
> ——智能手机移动审美方式结构式访谈实录

审美自我表现是审美创造、审美评价中注重表现自我思想情感的心理倾向和实践行为。在审美创造、审美评价中表现自我的思想、情感、愿望、直觉、幻想、想象、潜意识乃至张扬自我,并在表现自我中与他人交流,让他人了解自己的人格、气质、才能、意愿,是表现自我的重要途径和方式之一。[1]

作为大众传播媒体,收音机普及到 5000 万人用了 38 年,电视用了 13 年,而微博只用了 14 个月。手机微博作为当前新兴的自媒体传播平台,受到手机用户的强烈推崇,用户数也呈现出"爆发"式的增长趋势。2011 年 6 月中国互联网络信息中心(CNNIC)发布的报告显示:2011 年上半年我国微博用户数量急剧增长,其中手机微博的表现可圈可点,手

---

[1] 朱立元:《美学大辞典》,上海辞书出版社 2010 年版,第 118 页。

第三章　形态表现与价值阐释　　147

图 3—12　新浪微博

图 3—13　新浪微博客户端

机网民使用微博的比例从 2010 年年末的 15.5% 迅速上升至 34%。手机微博是移动化的个人终端与网络微博的有机结合，用户可以通过手机向自己的微博网站发布消息，就像发短信一样简单。它最主要的特点就是手机的随身性、内容的简短性和资源的共享性。[①] 手机微博让每个手机用户不使用电脑就可以用文字、图片、音频、视频等发表自己的最新信息，并和好友即时分享自己的快乐。

在 Web1.0 时代，上网主要以浏览网页、获取信息为主，是一种单向传播的方式，以新浪、搜狐、网易为代表的"资讯时代"，是一个"他们说，我们听"的时代。随着 Web2.0 时代的到来，人们不仅能够通过浏览网页去获取信息，而且能够主动参与网络创作，Web1.0 向 Web2.0 转变的一个重要特征就是个人由被动地浏览和接收信息转变为主动地创作和发布信息。Web2.0 的最大特点是个人化，同时强调社会化、开放、共享、参与、创造，Web2.0 通过让普通人参与和创造网络，凸显了每个用户的价值。[②] Web2.0 时代，是以猫扑、天涯、人人为代表的"社交时代"，是一个"一部分人说，我们听"的时代。随着互联网的技术日新月异，互联网不断深入人们的生活，Web3.0 将成为彻底改变人们生活的互联网形式。Web3.0 不仅仅是一种技术上的革新，而是以统一的通信协议，通过更加简洁的方式为用户提供更为个性化的互联网信息资讯定制的一种技术整合，是由技术创新走向用户理念创新的关键一步。Web3.0 时代，是以微信、微博、陌陌为代表的"碎片化沟通互动时代"，是一个"我们说，我们听，人人能够参与"乐此不疲的时代。

微信（We Chat）是腾讯公司于 2011 年 1 月 21 日推出的一个为智能终端提供即时通讯服务的免费应用程序，微信支持跨通信运营商、跨操作系统平台通过网络快速发送免费（需消耗少量网络流量）语音短信、视频、图片和文字，同时也可以使用通过共享流媒体内容的资料和

[①] 马晓敏：《浅谈手机微博及其发展》，《新闻爱好者》2010 年 10 月下。
[②] 肖弦弈、杨成：《手机电视——产业融合的移动革命》，人民邮电出版社 2008 年版，第 52 页。

基于位置的社交插件"摇一摇""漂流瓶""朋友圈""公众平台""语音记事本"等。截至 2015 年第一季度,微信已经覆盖中国 90% 以上的智能手机,月活跃用户达到 5.49 亿,用户覆盖 200 多个国家、超过 20 种语言。此外,各品牌的微信公众账号总数已经超过 800 万个,移动应用对接数量超过 85000 个,微信支付用户则达到了 4 亿左右。微信提供公众平台、朋友圈、消息推送等功能,用户可以通过"摇一摇""搜索号码""附近的人"、扫二维码等方式添加好友和关注公众平台,同时微信将内容分享给好友以及将用户看到的精彩内容分享到微信朋友圈。截至 2015 年 10 月,注册用户量已经突破 6.5 亿,是亚洲地区最大用户群体的移动即时通讯软件,微信已然成为移动互联网行业的新起之秀。

图 3—14 微信

社交媒体的出现,如微信、微博、人人网等使人们的审美活动扩展到日常生活中来。微信的产生给用户带来新的审美体验,用户可以随时随地的通过朋友圈发布和接收图片,在视觉上享受美的审美体验。许多微信用户青睐于图片加文字的方式,他们活跃于朋友圈,通过朋友圈分享自己的旅游美景、美味佳肴、每日生活等,使分享者成了一名实实在在的拍客,并传播了美,使接收者可以欣赏、体验到不一样的美。除了分享照片、文字，用户还时常通过链接分享文章，多数文章的文化、文学价值较高，使接收者能从文字中获取精神上的寄托。微信不仅能充分满足人们的视觉审美体验，为了满足用户的听觉审美，它还能通过链接分享音乐，这一功能也受到了大家的追捧。

微信用户可以通过朋友圈发表文字、图片，也可通过链接将音乐或文章分享到朋友圈。用户可以对好友新发的照片进行"评论"或"赞"，用户只能看到共同好友的评论或赞。朋友圈分享功能不断更新，朋友圈还有定位功能，拍摄的小视频，用户可以选择内容的公开人群，还可以同步QQ空间。朋友圈拉近了朋友之间的距离，通过朋友圈使朋友之间能及时知道对方的状况。对用户而言这也是一种新的审美方式与审美体验。发布者通过微信这一媒介平台分享图片、文字、音乐等，创造了独一无二的美。另一方面接收者通过观看朋友圈的动态，从中也能得到一种美的体验。微信不仅受年轻人追捧，现在也逐渐受到中老年人青睐，用户的年龄层次跨度越来越大。

保罗·莱文森说，移动媒介会使每个地方都更加有用。停顿的电梯、塞车时的汽车、无休止等候医生看病的候诊室——在所有这些地方，只要有一件无线移动设备，无论什么手机，黑莓或iPhone，原来的无用之地就变得有用了。[①] 智能手机继承并发展了以往媒体的传播方式和内容，可以借助文字、图片、图像、声音等任何一种或者几种的组合来进行传播活动，满足不同需求、不同终端用户对内容的期待。移动互联技术为手机微博提供了一个广泛的技术支持，让信息的零时差传播成为可能，瞬时的灵感都能得以保留和传播，任何体会与感受也能随时上传更新，进行分享与交流，智能手机还可以对突发事件进行即时播报，是最具现场感的内容生产，这些是其他媒体所无法企及的。

手机媒体的发展促进了表达自我和张扬个性的个性化传播趋势，人们的信息来源增加，选择余地扩大，独立思考和判断能力也在加强。智能手机时代被认为是一个尊重个体的时代，它更承认与尊重个人意见的表达与个性的发展。由于新技术革命的冲击和发展，越来越多的技术成

---

① ［美］保罗·莱文森：《新新媒介》，何道宽译，复旦大学出版社2011年版，第190页。

图 3—15　微信朋友圈

果被运用到艺术的创作和传播之中,艺术与技术的关系也变得越来越紧密。[①] 智能手机使人类艺术的创造与传播终于得以同时冲破时间与空间的束缚,进入前所未有的表现天地。

　　如今手机微博、微信已经成了人们生活中不可或缺的一部分,作为超越以往一切网络交流方式的存在,已经超越了互联网的局限,延伸至移动社交、传统媒体等方面,甚至成了当下新闻素材采集的重要源头,可以说,有了微博、微信,人人成为媒体。手机微博、微信之所以在短短几年内膨胀式发展,"信息即时引爆"是其最重要的存在价值,用户随时随地都可以分享各种信息,发现有趣的人和事,体验各种新鲜事物,手机微博、微信可以随时随地分享身边的新鲜事,让人们的微生活无所不在,是大家表达真实自我的即时传播平台,基于 iPhone、iPod touch 平

　　[①] 贾秀清、栗文清、姜娟:《重构美学:数字媒体艺术本性》,中国广播电视出版社 2006 年版,第 64 页。

台的 iPhone 版手机客户端，实现了阅读、发布、评论、转发、私信、关注等各主要功能，支持本地相机即拍即传和新消息提醒，记录点滴生活。在这里用户可以上传图片，分享生活精彩瞬间；随时随地发微博，记录生活点点滴滴；评论、转发微博，发现新鲜事；关注、查找感兴趣的朋友以及零距离互动交流。

手机微博、微信带给我们最重要的东西就是分享与体验。微时代你如果有 100 个粉丝，相当于开办一份时尚小报，享受到被阅读、被尊重的乐趣；如果有 1 万个粉丝，相当于创办了一家杂志；如果你有 100 万个粉丝，你的影响会遍及全国；而如果粉丝超越 1000 万，你的声音会传播整个世界。手机微博、微信为我们随时随地地搭建了一个畅所欲言的平台，被禁锢久了的内心的情感抒发势如井喷，少则几字多则上百，即时的抒发让用户心情愉快，于是新鲜事、奇事、怪事等，一个劲儿在微世界里蹦，引起众人一阵阵热闹的围观！虽然网络中的朋友素未谋面，也不知身在何处，但志同道合、趣味相投能迅速拉近彼此间的距离，一起娱乐、话题讨论、专业交流、活动参与等，用户的社交圈急速扩大，人们在信息获取和交流互动上可以获得前所未有的体验！

手机微博、微信给了我们一个自我表现的崭新平台，为了提高自己在微世界里的影响力，必须让技术与艺术紧密结合，提高审美表现力。"在技术面前，艺术始终是艺术家使用一定的'工具'进行创作的过程。美的创造本身具有技术的方面，假如没有必要的技术，就没有美的创造。"[1] 人们必须将自己的微世界弄得更好看，把自己的真情实感和最完美、最漂亮的内容放在微博、微信中，才会被别人接受和欣赏，才能够引来人们的关注。所以需要打造个性化的微空间，用个性化的签名、靓丽的照片、富于表现力的语言来好好设置自己的个人主页信息；美化自己发表的言语，虽然不必字字珠玑，但偶尔也需要来几句经典迷人的表述；及时更新自己的信息，丰富微内容，尽量让人产生美感；多留意有影响的名人微博，随时学习和模仿……

---

[1] 贾秀清、栗文清、姜娟：《重构美学：数字媒体艺术本性》，中国广播电视出版社 2006 年版，第 58 页。

电子媒介交流展示了一种理解主体的前景，即主体是在具有历史具体性的话语与实践的构型中构建的。这一前景扫清了道路，人们从此可以将自我视为多重的、可变的、碎片化的，简言之，自我构建本身就变成了一项规划。① 随着微博、微信的崛起和主体间交往模式的剧变，电子交流媒介对人们审美的影响尤为深刻与复杂，人们甚至可以通过这样的新新媒介来进行自我形象的建构和传达。3G、4G 技术带来一个恍若仙境的移动网络空间，人们通过手机微博、微信在审美创造、审美评价中去展示自我的思想、情感、愿望、想象乃至张扬自我，并在表现自我中与他人交流，让他人了解自己的人格、气质、才能和意愿，正如保罗·莱文森所言："微博用来表达感情比如'我厌烦'或'我感觉好'时，其功能类似虚拟的衣装或首饰，就像我们'穿戴'的衣饰或发出的讯息，宛如黑色的礼帽或艳丽的项链，展示我们的情绪。"② 手机微博、微信成为源源不断制造出"喜怒哀乐"的娱乐内容的机器，它不仅仅是一种新的媒介形式，更重要的一点还在于这将是一个不断创新、越来越人性化的传播通道，其对感性的普遍传达促使审美比以往一切时代更远地溢出了所谓艺术的传统领地，人们的审美活动已经越来越可以远离教堂、剧院、博物馆等仪式性的场所而更多发生在商场、道路、公共交通甚至办公室和自己的卧室等日常性的生活场所。有人认为，自写自拍、自编自唱、自导自演的生活，这就是 21 世纪的手机新文化、新时尚、新生活，同时也将是手机媒介的发展方向。③ 智能手机开辟出一个审美表现的新舞台，正如匈牙利著名电影美学家贝拉·巴拉兹所说，人类精神的发展是一个辩证的过程，人类精神的发展促进了它的表现手段的发展，而发展了的表现手段又反过来促进了人类精神的发展。因此，如果智能手机扩大了表现的可能性，那么人类能够被表现的精神领域也会随之扩大。

---

① ［美］马克·波斯特：《第二媒介时代》，范静哗译，南京大学出版社 2000 年版，第 77 页。
② ［美］保罗·莱文森：《新新媒介》，何道宽译，复旦大学出版社 2011 年版，第 137 页。
③ 肖弦弈、杨成：《手机电视——产业融合的移动革命》，人民邮电出版社 2008 年版，第 53 页。

手机微博、微信强化了用户的后现代特性，去中心化、平民化、平面化、片断化变成了用户的重要特征，在互动式的传播过程中，每个人都相互卷入别人的生活之中，媒介中的人成了信息的直接载体从而与媒介融为一体。融入媒介的人，生活在别处的人，后现代的主体经由媒介处处存在又处处不在。这种状态改变了人们对于自我的描述，自我不再是完整的个体存在，而是离散的集合；自我不再仅仅是现实的存在，而是虚拟与现实的集合；自我不再仅仅是现时的存在，而是过去、现在甚至未来的集合。人与媒介的使用深深地改变了人的存在，并且这种改变还会一直持续下去。[1] 恰如未来学家尼葛洛庞帝所说："媒介数字化生存几乎具备了遗传性，因为人类的每一代都会比上一代更加数字化。"[2]

三　移动审美方式价值阐释

——技术肯定有正面的和负面的两种后果，我们更加依赖媒体，如果有一天没有带手机，就会觉得无比空虚，没有安全感。

——喜欢手机上网，在虚拟之中去找寻真实，现实生活中人与人之间的交往反而减少了，有时候会有一种玩物丧志感。

——手机分散了我们很多精力，我现在睡觉前和早上起床后都会玩手机，发手机微博、听手机音乐、看微信朋友圈等，但我现在仿佛觉得与现实生活有了一种被隔离感，开始重新渴望纸质飘香的生活了。

——智能手机移动审美方式结构式访谈实录

古往今来人类文明的发展是与技术的发明密不可分的，关于技术最简单的定义是人们借助工具，为人类目的给自然赋予形式的活动。[3] 美国社会学家摩尔根把人类社会走向"文明时代"的最重要动力归结于"生

---

[1] 雷建军：《视频互动媒介》，清华大学出版社2007年版，第132页。
[2] ［美］尼葛洛庞帝：《数字化生存》，胡泳、范海燕译，海南出版社1997年版，第272页。
[3] 陈卫星：《传播的观念》，人民出版社2004年版，第231页。

产技术",他认为生产技术是人类依据生存的需求及对规律的把握,动用工具制作出能够满足自己需求的物品的活动。在人类文明史上,没有任何时代像今天这样,科学技术已经渗透到社会生活的一切领域,科技革命推动着现代社会以史无前例的高速度和高节奏发展,生产效率的提高改善了人们的物质生活,信息的便捷传送扩大了人们的交往,世界成为所谓的"地球村"。但另一方面科学技术像一把双刃剑,它既为我们的进步提供了无限可能性,又给人类自身带来种种烦恼和异化。在这个标准化、数字化、物品化的世界中,个别自我与其处境断裂了,于是出现了科学与人文、技术与审美的对抗。[①]

信息传播手段是人类发展中的文化技术,它既保留个体性的经验记忆,又形成人类文明公共性的经验记忆,完成人类文明由量变到质变的转换。传播科技的每一次突破性的进展,都会带来传播观念的相应变革和人类文化的长足进步,传播媒介的发展既是传播科技物质形态层面的发展,同时也是人类文化观念价值形态的阐述。从语言、文字传播到印刷术的广泛使用,从电子传播到计算机、手机的数字化、智能化、移动化和网络化运用,"每一种文明都是以一种新的占主导地位的文化技术的引入为开端的"[②]。往往一种技术手段就可以代表这个时代的特征,如美国学者布热津斯基所说:"正在形成一个'技术电子'社会:一个在文化、心理、社会和经济各方面都按照技术和电子学,特别是计算机和通讯来塑造的社会。"[③]

法国哲学家、城市理论家保罗·威瑞里奥谈道:信息通信技术的"即时性",互联网、移动电话等技术的"即时性",现在已遮蔽了城市的真实空间。今天,城市不再是我们实际居住的真实地点。恰恰是,在真实时间的纪元中,在技术化屏幕的年代里,那些屏幕陪伴着我们,并不断改变生活方式,城市成为一系列有形的技术轨道,与其说是由"电视收视者"构成,还不如说是由"移动收视者"构成的。今天我们所有的

---

① 余虹:《审美文化导论》,高等教育出版社2006年版,第171页。
② [美]威廉·麦克高希:《世界文明史》,董建中等译,新华出版社2003年版,第3页。
③ 叶朗:《现代美学体系》,北京大学出版社1999年版,第284页。

手势、我们最微不足道的行动,都被计算机跟踪技术观察、感觉和凸显。现在我们每个人都在各种形式的控制凝视之下,各种探测器、摄像机、雷达以及其他控制和探测形式,诸如电磁波传输我们称为"蜂窝式便携无线电话"的信息。我们正变成久坐的男男女女,不管我们是在火车中还是在飞机上,这都无关紧要,这是因为,由于移动电话的革命,我们居住的"地点"是任何地方,然而,像游牧民一样,我们既是四海为家,又是无处为家,而且这似乎长久地脱离了正常轨道。

技术根源于人性,是人性的产物,同时也反过来影响着人性,技术与人性的完美结合,既可以大大增强人类认识和改造自然的能力,又能够满足人类日益增长的物质文化与精神文化需要。作为工具理性的技术反映出人类的理性,而作为价值理性的文化则反映出人类的感性和情感特征,情感是人性和情怀的袒露,只有情感与理性的交融才能构筑起人类文明的大厦。印度诗人泰戈尔曾经说过:"完全按照逻辑方式进行的思维,就好像一把两面都是利刃而没有把柄的钢刀,会割伤使用者的手。"[1]在现实生活中,技术逻辑也会滋生出非人性的效应,作为"影子媒体"的手机在丰富人们审美生活的同时,也带来负面的效果。目前,手机依赖已成为一种愈演愈烈的心理依赖,手机的深度介入也衍生了淡漠人情、沉迷网络、丧失注意力、增加疲劳感等负面问题。没有了手机,人们仿佛就失去了人际交往与自我身份,失去了与整个世界的联系,24小时的手机跟随成为了一种生活方式,长此以往会对用户的理解力、独立思考能力及判断力等产生不同程度的影响;手机还使用户的个人生活总是被外界打断,日常生活趋向"碎片化";手机媒体在为使用者提供方便快捷的多媒体功能的同时,也自发地无过滤地带来不少不良信息,如庸俗低级及暴力血腥的短信、图片和视频等;手机的个人化、私密化的特征,在一定程度上也成为滋生低级趣味的温床。网络上的一则微博侧面印证了这些问题的存在:"百年前躺着吸鸦片,百年后躺着玩手机,姿态有着惊人的相似!不知不觉中我们养成了一种可怕的习惯,早晨睁开眼第一件事是摸摸手机在哪里,晚上睡之前最后一件事还是玩手机,似乎离了

---

[1] 转引自徐恒醇《科技美学》,陕西人民教育出版社1997年版,第3页。

手机就与世隔绝一般的孤独!"这种威胁最终导致的后果是技术对人性的异化,即人性的技术化。

李泽厚说道:"难道工具本体自身世界中不可以有诗情画意吗?工具本体的建立肇始之处,那生产活动和科技文明产生之处,那美的发源开始之处,难道不可以有这'天人合一'吗?中世纪的手工艺曾经具有温情脉脉的人间情味,现代的科技美也决不只是理性的工作。"① 解决技术对人性的叛离,也不能生硬地对技术进行限制、规约和取缔,而需要对技术进行人性的呼唤和重构。科技美学正是自然科学、技术科学与人文科学交叉的结合点,是连接科技文化与审美文化的纽带。科技美学是以美学的眼光来审视科学技术问题,为它提供人的价值尺度和情感指向,给科技理性插上诗意和灵性的翅膀。科技美学一方面要寻求科技成果的宜人化途径和情感价值,以寻觅人的物质家园和精神家园;另方面要探索美学和艺术原理用于科技领域的可能性,以实现人与自然的和谐统一。② "所以,不必去诅咒科技世界和工具本体,而是要去恢复、采寻、发现和展开科技世界和工具本体中的诗情美意。"③

科学技术的最终目标,都是通过调解人与自然、人与社会的矛盾,来高扬人自身的个性、创造性和自由本性,运用客观合规律的手段,实现主观合目的的宗旨。④ 通过对当今传媒发展中各种新媒介形态、传播技术的梳理,我们不难发现,以智能手机为代表的移动传播是目前的大趋势,恰如布坎南和博迪所言:"一个给定的技术创新因素没有为预言它的应用所带来的社会、心理、组织和经济的后果而提供足够的基础,更多的是取决于技术怎样被使用。"⑤ 审美活动是人的生命的全部起动和自由迸发,是人性的全面展开,智能手机的普及引发"移动审美"新的审美现象,如何让技术为我们的审美活动服务,是我们亟须解决的问题。只

---

① 李泽厚:《美学四讲》,天津社会科学院出版社 2001 年版,第 117 页。
② 徐恒醇:《科技美学》,陕西人民教育出版社 1997 年版,第 3 页。
③ 李泽厚:《美学四讲》,天津社会科学院出版社 2001 年版,第 123 页。
④ 欧阳友权:《网络审美资源的技术美学批判》,《文学评论》2008 年第 2 期。
⑤ Wall T. D., Bumes B., Clegg C. W. and Kemp N. J. New Technology, Old Jobs [J]. Work and People, No. 2, Vol. 10, 1984: 20–21.

有用人性去引领技术发展,用科技美学去不断化解手机传播中技术工具与人性的内在矛盾,才能在移动审美方式背景下实现技术和人性的完美结合,实现人的全面发展。

(一)人与技术关系理论探讨

技术受满足人的功利目的的引导,又接受精确化、抽象化的科学原理的指导,它与无功利性、形象化、感性化的审美活动之间仿佛存在着先天的矛盾,前者属于科技文明,后者则归属人文精神的领域。技术与审美之间到底应该是一个什么样的关系呢?在理论界,科技与审美一直是学者们关注的重点,斯宾格勒、芒福德、法兰克福学派、海德格尔、鲍德里亚、麦克卢汉等人均对技术与人的感性思维进行了深入的阐释。

德国著名哲学家斯宾格勒是第一位从文化的角度透视技术的哲学家,他开辟了文化学研究技术哲学的视角,他认为技术是一切有目的的活动和过程。斯宾格勒认为技术产生于心灵,动物只知道眼前之思,而人却思考着昨日、眼前和未来,这是人与动物的本质区别,也是技术产生于心灵的原因。他认为西方文化或技术恰恰是人性的最本质体现。法国美学家,现象学美学的主要代表之一杜夫海纳认为,技术活动与审美活动之间是一种相互促进、协同发展又相互区别的复杂的辩证关系。杜夫海纳给出了技术美学的历史使命:"人们看到了技术与美学之间的区别,技术对象既与世界相分离,同时也分离世界,它本身也是被分离的。审美对象却是统一的,它邀请我们与世界重新统一起来。"[①] 技术对象与审美对象虽然有区别,但在一定条件下,技术对象也可以成为审美对象,由于人类对于美的无限追求,可以通过技术的手段来实现审美的目的。"技术活动与审美活动构成实践的两种基本方式。这两种基本方式可以加以区分,但并不是泾渭分明、毫无相通之处的。事实上,它们二者经常密切相关、休戚与共。"[②] 芒福德是人文主义技术哲学的重要代表人物之一,芒福德提倡一种"民主的技术",认为技术应该是可以为人类去谋取幸福

---

① [法]杜夫海纳:《美学与哲学》,孙非译,中国社会科学出版社1985年版,第210页。
② 同上书,第202页。

生活的手段和方式，而不是去奴役人的工具，提倡让人恢复在技术发展中的主体地位，从而实现人与技术的协调发展。

现代工业社会，科学技术的迅猛发展大大提高了人类社会生产力水平，物质生活也突飞猛进，为人的自由和全面发展创造出良好的条件，但西方社会却并没有走向自由和解放，反而陷入更加全面的控制和奴役之中。法兰克福学派对工业技术进行了激烈的批判，代表人物马尔库塞在《爱欲与文明》和《单向度的人》中对技术与人的关系进行了深入的分析，他把技术本身看作一种意识形态，提出了技术理性是让人类"爱欲"受到束缚的根源，因为技术理性割裂了科学与价值之间的内在联系，于是技术进步就等同于奴役的增强。马尔库塞认为恰恰是工业技术的进步与发达，创造出了这样一个物欲横流的现代社会，追求物质主义的"单面社会"异化了具有丰富性的人的"爱欲"，现代社会的人就成为了"单面人"。另一位法兰克福学派的代表哈贝马斯虽然也承认科学技术具有意识形态职能，但其从正面强调了科学技术进步推动了社会的发展，他不认为技术进步就是对现代人奴役的加强。哈贝马斯指出科学技术在当代西方社会出现了两种发展趋势："第一，国家干预活动增加了，国家的这种干预活动必须保障（资本主义）制度的稳定性；第二，（科学）研究和技术之间的相互依赖关系，使科学成了第一位的生产力。"[①] 在哈贝马斯看来，科学技术进步带来了科技统治论，进而形成了以科学崇拜为特征的技术统治论的意识形态。

海德格尔从存在主义哲学的角度，对技术与人的关系进行了一系列的探讨。海德格尔在《技术的追问》中提出了对技术的三个经典论断。首先，"技术是一种解蔽方式。技术乃是在解蔽和无蔽状态的发生领域中，在无蔽即真理的发生领域中成其本质的"[②]。根据海德格尔存在主义理论，技术将存在于遮蔽状态中的事物本质，通过工具性的方式解蔽出来，开启人与被遮蔽事物进行交流的空间和渠道。其次，海德格尔说技

[①] [德] 哈贝马斯：《作为"意识形态"的技术与科学》，李黎等译，学林出版社1999年版，第49页。

[②] [德] 海德格尔：《演讲与论文集》，孙周兴译，三联书店2005年版，第12页。

术的本质是一种类似于"座架"的普遍强制,"座架不是什么技术因素,不是什么机械类的东西,它乃是现实事物作为持存物而自行解蔽的方式"①。它是现代技术的本质特征,在当今这个工具理性的时代,座架的强制性强迫着技术持续地处于一种解蔽的过程,生产活动均是对座架这种命令性的揭示方式的响应,以此实现技术革新的要求。最后,人本身也沦为了座架中的摆弄之物。海德格尔指出:"所到之处,我们都不情愿地受缚于技术,无论我们是痛苦地肯定它或者否定它。而如果我们把技术当作某种中性的东西来考察,我们便最恶劣地被交付给技术了。"② 海德格尔提出"人要诗意地栖居在大地上",希望唤起人们对古代自然家园的回忆以寻找摆脱技术强制的命运。

鲍德里亚是技术悲观论的支持者和拥护者,他认为技术导致人们追寻幻觉和外表,如他所谓的"比真还要真,比漂亮还要漂亮,比实在还要实在"③。在《完美的罪行》中他说:"在其复制品和假肢、其生物克隆和虚拟影像的后面,人类趁机消失……技术正在变成一个不可思议的冒险,它不止是改变世界,其终极目的可能是一个自主的、完全实现的世界;而人类则可能会从这个世界中退出。"④ 鲍德里亚技术哲学观的一个重要特征就是把完美和高科技的发展进步相联系,人类通过发展高技术来追求物本身的完美、人本身的完美和我们生活世界的完美,由人引起的技术加速度发展和技术革命,以及技术发展自身的逻辑,最终导致的是人对技术全面的失控,导致人最终会为其所造的"物"所困,由于人自身能力的提高及欲望的无限膨胀,人最终会创造出一个与自己对立的"物",即被创造者要消灭创造者,这就是"完美的罪行"。

加拿大著名的传播学家麦克卢汉开拓了从媒介技术出发考察人类社会发展的视角,强调了媒介技术的社会历史作用,他把媒介技术视为社会发展和变革的唯一决定因素。麦克卢汉用泛媒介的观念解释种种现象,在他眼里,媒介如影随形,似乎无所不在,凡是使人与人、人与事物或

---

① [德] 海德格尔:《海德格尔选集》,孙周兴译,上海三联书店1996年版,第941页。
② 同上书,第925页。
③ BaudriUard. Fatal Strategy [M]. London: Pluto Press, 1990: 9、7.
④ [法] 博德里亚尔:《完美的罪行》,王为民等译,商务印书馆2000年版,第42—43页。

事物与事物之间产生联系或发生关系的东西,都可称作媒介。他提出了著名的"媒介——人的延伸"理论,他把人类任何技术进步、任何工具的发展都看作媒介的成长,看作人体的延伸,将技术媒介看作人体感官的延伸。麦克卢汉在《理解媒介——论人的延伸》中提出"技术的影响不是发生在意见和观念的层面上,而是要坚定不移、不可抗拒地改变人的感觉比率和感知模式"。技术革新是人的能力和感官的延伸,这些延伸反过来又改变了这种平衡。他认为不同媒介决定我们不同的感知方式、生活方式和思维方式,感知媒介方式不同,不仅制约着如何去获取信息,而且制约着获取信息的内容。媒介即人的延伸,任何一种新的媒介技术,都会带来一种认识世界的新的尺度,于是不同的媒介也改变着整个社会形态,给每个时代创造出新的环境,使人们在新的信息传递模式下形成新的习惯、新的社会结构,对应着新的信息识别系统、新的符号,也即代表着新的讯息,"媒介即讯息"。

学者们的理论探讨有对技术的鞭挞与批判,也有对科学技术活动中美的呼唤,从以上论述可以看出,学者们对于工业文明带来社会分工,分化了人类的心智,也分化了求真与求美之间的关系,对于科学在追求规律中遮蔽了审美,而艺术则在感性的飘逸中疏远了规律的现实进行了激烈的抨击和批判,技术向何处去,技术与人性应该是什么样的关系,是学者们思考和研究的重点问题。

(二) 价值阐释——工具理性与审美表现理性

德国社会学家马克斯·韦伯提出了"合理性"的概念,他将合理性分为价值合理性和工具合理性,韦伯认为,从逻辑上看,它们是两个对立的范畴。价值合理性强调用正确的手段达成意愿和目的,而不管其结果如何,是一种无条件的价值;而工具理性是指只追求功利的行动,行动借助理性达到目的,漠视人的情感和精神价值,于是理性由解放的工具退化为统治的工具,工具理性变成了支配、控制人的力量。哈贝马斯指出在科学技术、道德伦理和审美艺术领域,技术具有不同的价值趋向,对科学技术来说是一种认识—工具理性,对道德伦理来说则是道德—实践理性,而审美领域里实现价值的技术则是一种审美—表现理性。

美国学者波斯特以信息方式来区分人类文化的不同历史阶段，认为可以分为两个主要阶段：面对面的口头文化阶段和面对媒介的符号传播文化阶段。波斯特强调现代计算机化或电子媒介化时代主体对主体的交往变成了主体对机器的交流。"由于没有了面对面语言情景中显明的体态语言、地位状态、人格力量、性别、衣着风格等暗示，交谈发生了性质上的变化。"① 口头交流由于声音的转瞬即逝，因此这种最传统、最自然的交流方式就决定了主体的在场，只有在这个空间中在场的主体，才有可能是参与交流的"有效主体"。而在面对媒介的阶段，主体面对面的交流，转变为主体对某种可以脱离于主体而存在的媒介。最重要的变化是发送者和接收者已经被间离开来，这样的交流不再局限于"在场的有效性"，而是变成一种与不在场的主体交往的过程，面对主体变为了面对媒介。② 海德格尔认为，科技所提供的手段，固然方便了人们把"事物"的"表象"及时"呈现"在人们的眼前，但是"事物"的"本质—存在"却被这些来得过于及时的表象"掩盖"了起来，人们有了事物的"表象"，失去了事物"本身"。③

当今社会手机成为人们一种普遍的沟通联系方式，高科技带来了人与人之间的"零距离"交流，但有时候，我们感觉到的却不是距离的拉近，当空间距离不足20米的两人仍然依靠手机传递信息的时候，当面对面的"人际交流"逐渐被面对媒介的"人机交流"所取代时，我们只能说人与人的距离已经"咫尺天涯"。手机具有即时性、随意性及某种层面的虚假性，与口头交流中双方彼此互动激发和感悟，充满情感的表述以及灵性、活泼而饶有兴味的内容不同，手机带来的是一种媒介化的交流活动，是主体不在场的交流，是一种"虚假互动"，面对面的直接经验被媒介化的间接经验所取代。手机的技术越先进，功能越多，"事物"的"存在"隐藏得也就越深。手机让不同身份、不同地位的人们要维持均势平衡传播更加不易，信息传递方式的改变，导致个体心灵空间和安全距

---

① ［美］马克·波斯特：《第二媒介时代》，范静哗译，南京大学出版社2000年版，第71页。
② 周宪：《文化表征与文化研究》，北京大学出版社2007年版，第234页。
③ 转引自金惠敏《媒介的后果》，人民出版社2005年版，序言。

离的再演变,来电显示让传播中的强势一方迅速把身份与地位在传播尚未进行时就预先进行了定位与设置。手机中储存有上百个电话号码可以迅速连接出去,可每当夜深人静,希望能和另外一个人说说心里话,逐一翻阅电话号码,却发现真正能够拨过去的却一个也没有。手机交流的不在场性正如电视连续剧《手机》中所展示的一样,每个人都可以一边妙语连珠一边却是言不由衷,情绪和说话之间可以不相匹配。手机为人们构筑了一个私密的空间,一部手机就是一个人的界限,他人不能逾越。手机为现代人创造了一个隐秘的通道,而这个通道同样也带给人们一个充满欲望的空间,有可能把人引入生活的困境。我们的生活随时随地都可能被手机铃声打断,不得不改变现有的状态,停止工作、停止休息甚至停止思考,在日常生活中我们随时随地都会因为手机而被深深地卷入,从而偏离自己既定的生活轨道,那种宁静、幽远的独处的心境很难再拥有,我们的心情仿佛已经交给了手机,并且跟随着手机而改变。

如果只有科学合理性、目的工具合理性,而没有价值合理性和情感合理性,把有精神、有灵魂的人降低为只会追求物欲满足的动物,这样的现代生活方式,不是进步,而是一个大倒退,甚至可以说是人类的一种悲哀。[1] 我们现在被这个小小的掌上机器所操控,并产生出严重的依赖感,同时也加速了自身能力的退化,手机既解放了我们又抑制着我们。现代化的元素给大众生活带来的是便捷之上的不便捷,人与人之间越来越频繁的交互反而形成人与人之间不能真正彻底的交流,每天通过短信、手机QQ、微信、手机通话等,便捷的手机上网大大增加了人们与他人的沟通、交流,但功利性、碎片化、平面化、虚拟性的交流却使人与人之间传统的深度沟通、经久弥香的纯真友谊变为平面化、碎片化、瞬时性体验与交流,在缺少真实感的虚拟空间,网友之间更多的是发泄与戏谑,频繁的交互与言语带来的恰恰是内心深处的孤独和寂寞,在发泄与戏谑之中人们再也无处找寻真正的朋友与友谊。手机给人的生存境遇带来一种深深的孤独感,我们不得不思考,在手机给人们带来的彼此交流中能否达到对灵魂孤独的真正排解呢?尼尔·波茨曼这样写道,"机器曾经被

---

[1] 司马云杰:《文化社会学》,中国社会科学出版社2001年版,第440页。

认为是人的延伸，可是如今人却成了机器的延伸"。"在技术垄断的条件下，对机器人的迷信愈演愈烈。这个演变过程的三部曲是：人在某些方面像机器——人几乎就是机器——人就是机器。"① 作为现代高科技代表的手机，既给人带来便利，成为生活中必不可少的工具，同时又限制了人的自由，让人在高科技带来的自由面前变得从此不再自由，从而形成关于自由的悖论，而这个悖论又普遍存在于现代生活之中，给人们带来便捷的，也必定要给人们带来不便。手机把准时、精确和工具理性的技术逻辑强加给每一个人，那些非理性的、感性的、本能的行为愈见稀少，这与立足于感觉和情感关系的传统生活形成鲜明对照。

哈贝马斯认为，在审美的领域内，一切技术手段的引入都必须服务于审美价值的提高。在媒介技术逻辑与审美逻辑的关系中，当单纯强调技术作用并使其拔高并开始超越审美功能时，技术自身的工具理性逻辑便不可避免地开始增强，甚至可能超越审美固有的表现理性，并取而代之。审美表现理性是一个主体范畴，是关于主体精神的范畴，它在总体上体现为文化的主体原则，即人的原则。从许多方面来看，技术的工具理性都和审美的表现理性相对立，它固有的非自然、强制性和对普遍的追求，构成了技术自身的自律性。这种自律和审美表现理性的自律是抵触的，因为审美追求的是个性、自由和超功利性，而在技术的工具理性中，客体原则取代了表现理性的主体原则。主体不再作为一个自由的主体存在，转而成为一种工具性的存在，从主体转化为客体，从本体转变为手段。② 当技术与审美走向了背离，也就是人的原则让位于工具原则的时候，工具带给人的就不再是解放而是"铁笼"。

高技术在文化媒介中的广泛运用，不但增加了人们的娱乐消遣方式，也激发出消费的欲望和期待。随着技术在媒介审美功能中的渗透，在技术工具理性作用影响下，手机也明显表现出工具理性对主体进行压制的情况。比如风靡全球的智能手机游戏"愤怒的小鸟"累计下载量超过

---

① ［美］尼尔·波茨曼：《技术垄断——文化向技术投降》，何道宽译，北京大学出版社2007年版，第10页。

② 周宪：《文化表征与文化研究》，北京大学出版社2007年版，第251页。

5000万人次，被称作是全球最热门的手机游戏之一，游戏是十分卡通的2D画面，愤怒的小鸟的故事也相当有趣，为了报复偷走鸟蛋的肥猪们，鸟儿以自己的身体为武器，仿佛炮弹一样去攻击肥猪们的堡垒。看着愤怒的红色小鸟奋不顾身地往绿色肥猪的堡垒砸去，那种奇妙的感觉会令人感到快乐、震惊和晕眩，精美的图像与逼真的音效给人带来强烈的审美冲击力，但在这视听感官冲击的背后对应的却是工具理性对审美表现理性的凌越与压制。手机游戏软件具有统一化、模式化和标准化特征，内容、画面、声音等都是事先预设好的，不可能有任何的改变，在手机游戏的规定情景中，人只有服从技术的逻辑，而不会是技术服从人的逻辑，人只能按照软件预设的场景去闯关、过关和积分，而不可能对之加以任何改变，更缺乏创造性思维发挥的空间，预设性束缚着人们的想象力、创造力和情感宣泄，表面上游戏中的闯关成功实现了对自我的欣赏和肯定，带来主体感的满足，实际上暗含的却是对主体的压抑和对技术的崇拜。传统审美对象在本质意义上都是"这一个"，具有不可替代、不可复制的"唯一性"，审美对象的创造过程是创造者想象能力、构思能力及表达能力凝聚、发挥、升华的过程，饱含创造者个性化风格和成分。审美活动原本具有原位性、即时即地性、独一无二性，但是科技强调的是可展示性、可展览性，其实也就是一种消费性。[①] 手机软件凭借其技术的编码编程规则与强制性、抽象化、符号化的系统传达，抹杀了真正有个性、有创意、能够引发人的美感的审美创造，技术进步的结果却是人们创造力的庸俗化、教条化、简单化，正如本雅明深刻指出的，所谓技术复制时代，就是从"有韵味的艺术"转化为"机械复制的艺术"。当今社会在手机给我们的感官带来更强烈的冲击力的时候，我们忽然发现技术的工具性与审美创造的自由性、独创性已经形成鲜明对立，正所谓技术遥遥领先，而美却无处可寻。

智能手机高技术的运用可以创造出一个完全仿真的世界，美轮美奂、惟妙惟肖、栩栩如生、夺人眼目、沁人心脾，它可以虚拟出现实世界中的任何细节，"由于你全身心沉浸在虚拟的世界之中，所以虚拟实在便在

---

① 吴志翔：《肆虐的狂欢》，武汉大学出版社2006年版，总序。

图 3—16 全球最热门手机游戏"愤怒的小鸟"

本质上成为一种新形式的人类经验"①。在日趋发达的科技面前,美的形态和美的感觉正在发生革命性的裂变,高科技带来一个全新的虚拟空间,可以模拟出现实生活中的一切,但却往往会冲淡或遮蔽人类情感的感性元素,逼真的视听效应导致感官高度兴奋,高技术带来视觉、听觉、身心沉浸的超感官满足,由于双向互动的时效性和功利性,人们无暇体验和细细品味审美情感,表现出生理快感大于审美愉悦的趋势。恰如陈望衡所言:"科技对今天美学形态和人们审美感觉的影响无疑是巨大的。速度感、空间感、时间感、形式感无一不在科技的笼罩之下被修改,美感与丑感也必定受到影响。"② 审美的过程本来应是心灵、情感净化的过程,而技术的功利性目的大大增加了获得审美价值的难度。情感是人区别于机器的重要因素,人性的方面也和人类普遍情感密切相关,当人类体验的亲情、友情、爱情、牺牲、崇高等触及人性层面的情感基本因素在高技术背景下发生变异与歪曲,当虚拟空间导致人类经验的感性认识和情感体验不再充盈丰沛,当人机对话的主体失去了主体性,那人与机器又有何异呢?

海德格尔认为,现代机器的本质比人类创造的任何东西都更密切地

---

① [美] 迈克尔·海姆:《从界面到网络空间:虚拟实在的形而上学》,金吾伦等译,上海科技出版社 2000 年版,序言。

② 吴志翔:《肆虐的狂欢》,武汉大学出版社 2006 年版,总序。

渗透到人的存在状态中。技术进入到人类生存的最内在的领域，改变我们理解、思想和意愿的方式。① 在科技的应用中，如果科技作为手段与人作为目的被颠倒，必定使人在科技的工具理性面前产生迷惘与失落。当人类陶醉于现代科技的迷狂之中时，我们没有也不能发现其实机器也许是一种我们并不需要的东西，我们原先并不知道自己需要它们，等拿到并使用以后我们却发现自己已经离不开它们了，我们原先本身就拥有的东西却突然发现丢失了、不见了，于是最终的结果并不是我们掌握了机器，恰恰相反是我们被机器所掌控，正如《庄子·天地》中所说的："吾闻之吾师，有机械者必有机事，有机事者必有机心，机心存于胸中则纯白不备，纯白不备则神生不定，神生不定者，道之所不载也。"

技术的工具理性制约甚至压制着审美表现理性，手段与目的颠倒了，人的本体论存在被工具性存在所取代，主体性原则受到挑战，人的想象力和自由受到一定程度的限制。弗洛姆指出："今天，人面临着最根本的选择，这并不是在资本主义或共产主义之间作出选择，而是在机器人制度或人性主义的公有社会主义之间作出选择。大量的事实似乎表明，人正在选择机器人制度，那就是说，人终将选择疯狂和毁灭。但是，这些事实并不足以摧毁我们对人的理性、善良意志和健全所抱的信心。只要我们能够考虑到其他的选择，我们就不会被毁灭；只要我们能够考虑到其他的选择，我们就还有希望。"② 正是由于这种希望的存在，弗洛姆才提醒人们趋利避害，积极寻找方式将技术赋予人性化功能，让技术更好地为人类服务，实现技术与人性的融合统一。

美是人们的生活理想，又是力量的源泉，追求美是人的天性。审美是一种心灵的自由活动，它能够以一种特殊的方式冲破一切心灵束缚，引导人走向广阔的天地，审美关系是人与外部世界的几种基本关系（功利的、认知的、伦理的、审美的）之一，是人类掌握世界的一种基本方式。韦伯指出："审美有一种独特的功能，这种功能在传统的前现代社会

---

① 转引自傅守祥《审美化生存——消费时代大众文化的审美想象与哲学批判》，中国传媒大学出版社 2008 年版，第 108 页。

② [美] 弗洛姆：《健全的社会》，欧阳谦译，中国文联出版公司 1988 年版，第 274—275 页。

中是不存在的,那就是把主体从现代社会的工具理性'铁笼'中解救出来,此乃审美现代性的意义所在。"① 只有让技术与审美和谐统一,增强媒介技术的审美功能,促使媒介向"人性化"方向发展,审美表现理性超越技术工具理性,才能让现代人在与媒介工具的关系中重新找到曾经丢失的主体性。"需要坚守的仍然是人文本位和审美立场,反对以技术主义替代人文动机和审美规律,更不能以工具理性替代价值理性、以技术的艺术化替代艺术的审美性。"② 在现代媒介技术的本质特征中,我们不仅应该看到科技美学,还应体会到更深层的人本哲学。

图3—17 从 Mac 机,到 iPod、iPhone,再到 iPad,乔布斯用苹果改变了世界

（三）人文审美——艺术与技术完美嫁接

科学技术对审美具有双重作用,它既扩大了审美的范围,丰富了审美表现的手段,加强了审美民主化进程,又带来科学技术对审美文化的渗透,导致审美活动中的非个性化,助长了商品化,同时又在一定程度

---

① 转引自周宪《审美现代性批判》,商务印书馆2005年版,第157页。
② 欧阳友权:《数字媒介下的文艺转型》,中国社会科学出版社2011年版,第294—295页。

第三章 形态表现与价值阐释 169

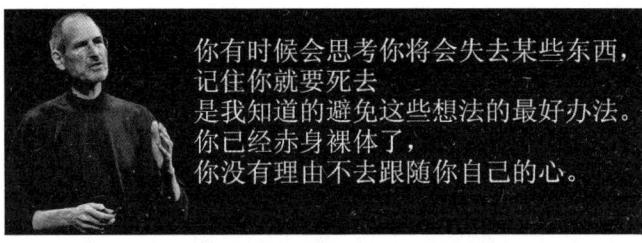

图 3—18 史蒂夫·乔布斯的箴言

上形成了审美的感觉钝化和惰性。① 海德格尔曾经追问："在技术化的千篇一律的世界文明的时代中，是否和如何还能有家园？"② 人类对自己目前的生存状态深感忧虑，对自由人性的追求和渴望正在被技术信仰所蚕食。人有时倒成了机器和环境的附庸，而丧失了自身的个性，使人的价值遇到挑战。沉迷于物质消费，单纯的功利原则和商品化使人丧失精神家园和理想的推动力。这一切使人与自我相疏离。③ 技术是手段还是目的，是以技术为本体还是以人为本体，是以技术为目的还是以人为目的，是人成为技术化的人还是技术向人性化趋势发展，在技术理性崇拜和人类精神家园的信仰之间我们应该找到一个平衡点，唯有如此，才能够走上技术逻辑与人文逻辑相互协调发展的道路，从而实现对精神和物质的同步追求。

未来学家奈斯比特认为，新信息时代的真正成功在于实现高技术与高情感、高感觉、高思维之间的平衡。④ 科技带给我们一个异彩纷呈、美不胜收的现实世界，科技美学促使哲学美感、伦理美感、文化美感交相融合，呈现出崭新的审美世界，但与此同时马尔库塞指出："机器是一个可用来使他人成为奴隶的奴隶。这样一种专横的、奴役的趋向可以与寻

---

① 叶朗：《现代美学体系》，北京大学出版社 1988 年版，第 333—344 页。
② [德] 马丁·海德格尔：《出自思想的经验》，法兰克福出版社 1983 年版，第 243 页。
③ 徐恒醇：《科技美学》，陕西人民教育出版社 1997 年版，第 6 页。
④ 付丽：《试析新媒介技术影响下的审美嬗变》，《人大复印资料·美学卷》2009 年第 2 期。

求人的自由携手并进。"① 我们应该让技术去为现代人精神世界的和谐与崇高服务，让技术为人的全面发展服务，技术进步收获的应该是科技与人文的平衡，恰如欧阳友权所言："在处理技术与人文的关系上，应该避免单纯从'技术'和'工具'的角度看问题，而需要确立起一种人文本位、价值立场和审美维度，让技术的手段实现人文的目的，在技术的背后发掘精神的价值，使工具的辉光烛照理性的蕴涵。"②

科学从其源头到其精神根本就是人文的，科学在推动社会进步与为人文服务的同时，自身也出现了向人文复归的要求。赫胥黎说过，科学和艺术是自然这块奖章的正面和反面，一面以感情的形式来表达事物的秩序，另一面则以思想的形式表达事物的秩序。在自然界，美与真是统一为一体的，在人类社会中，审美和求真也是相互渗透、相互补充的。"正是因为审美与科学技术有着这样内在的关系，科技与审美具有相互的推动作用。人们过去只是注重科技对审美的推动作用，而相对忽视审美对科技的推动作用，这是不妥当的。"③ 当代学者试图找到一种将技术与艺术、科学与人文整合在一起的方法。德国学者彼德·科斯洛夫斯基认为："艺术与科学的分离是不自然的，对双方都有害。"④ 这样的科学就是僵化的、无想象力的学究知识或纯粹方法论，而艺术则成为随心所欲的、随意性的主观想象。欧阳友权认为："然而技术和媒介最终还是手段，而不是目的，其终极目的还在于它的人文审美的附加值——只有人性化的意义承载和价值实现，人的创造潜力的发挥和开拓，人类所永恒追求的合规律与合目的的辩证统一，以及所期待的必然与自由的审美化调解，才是技术媒介及其新媒体艺术的最终归依，数字化审美的人文诉求是高技术的最高诉求。"⑤ 美国社会学家丹尼尔·贝尔描述了科技对人类的五

---

① ［美］赫伯特·马尔库塞：《单向度的人》，刘继译，上海译文出版社2010年版，第133页。
② 欧阳友权：《网络审美资源的技术美学批判》，《文学评论》2008年第2期。
③ 陈望衡：《当代美学原理》，人民出版社2003年版，第321页。
④ ［德］彼德·科斯洛夫斯基：《后现代文化——技术发展的社会文化后果》，毛怡红译，中央编译出版社1999年版，第159页。
⑤ 欧阳友权：《数字媒介下的文艺转型》，中国社会科学出版社2011年版，第300—301页。

种影响，其中第五种影响就是形成新的时空感，给人类带来一种"美学感觉"。人们将审美追求融入科技活动中，同时又利用新的技术手段来表现自己的审美感觉。① 如今技术正在向艺术领域逐步靠近，也许技术最好的归属就是在艺术中看不到技术，"数字化生存"的技术与"艺术化生存"的人文相互统一协调，技术美与技术审美越来越表现出鲜明的时代特征。技术美只有关注人，关注人的情感世界，关注人的命运，让人在诗意的栖居中感受到人生的美好和崇高，让人类的灵魂得到净化和陶冶，技术存在于艺术之中，才是这个时代真正的技术美学。

现代社会人们面临激烈的竞争，生活节奏不断加快，工作的烦劳、心理的压力大大增加，超越现实生存的自由的境界成为人们向往的理想状态。人们越来越不满足于功利的、实用的目标，而是去追求审美的享受，审美成为现代人生活不可或缺的一个重要组成部分。审美是丰富人的感性生活的重要方式，审美活动中审美主体与审美客体和谐交融，主体通过知性和想象力的自由活动与客体达成物我两忘、情景交融的境界，审美的追求可以达到对于人的认识功能有限性的超越，这时技术的工具理性便让位于审美的价值表现理性，从而理性与感性（情感）和谐统一成为人们把握世界的精神力量。审美的世界是以人为中心的世界，它反映出这个世界在多大程度上适合于人。同时，审美也是人类自我意识的体现，在人的审美经验中，总是融合着对人的价值和生命意义的感悟。② 审美超越成为克服技术工具理性局限性的契机，使人从屈服于工具的支配、控制力量迈向人的自由，在人生有限性的存在中开拓出审美自由无限的意义。

工业技术彻底地改变着人们的生活方式，使人们的日常生活，包括器物用具、交流方式、生活节奏等方面，都发生了巨大的变化，由此也改变了人们的观念，包括审美观念。③ 在科技发达、物质生活和精神生活日益丰富的今天，审美延伸到了日常生活之中，成为人们的普遍追求。

---

① 余虹：《审美文化导论》，高等教育出版社2006年版，第180—181页。
② 徐恒醇：《科技美学》，陕西人民教育出版社1997年版，第6页。
③ 余虹：《审美文化导论》，高等教育出版社2006年版，第177页。

当今社会人们将审美和艺术活动当成一种日常生活休闲放松的方式，这样审美便告别了以往的神圣仪式，与味象、观道、上帝之光间离开来，迅速地向自身折叠并与感性、快感、身体相关切，审美打上了日常性、身体性、大众性、享乐性等标记。只有在审美的刹那间，人才会仿佛真的感到与万物合一的和谐及进入无限的永恒；只有在审美的瞬间，人们才能视富贵如浮云，彻底摆脱各种功利欲求的束缚，自由来往于纯净的精神世界之中；审美可以使人的生命力得到充分的迸发，使人进入物我两忘的沉醉境界，人的生命在升华中得到再生，这是一种在现实中无法企及的境界。

"由于大众强烈的审美欲望促使科技在快速发展的过程中不得不时时考虑嵌入审美因素，不管是技术产品的功能、适用范围，还是外部形状都需要将满足审美感受作为前提，从而引发技术的审美化转向。"[1] 手机的技术化发展趋势与手机的人性化（审美化）发展趋势相辅相成，审美需求是手机媒介技术发展的内在驱动力，同样，技术的进步也引领着人性的发展，促进人的境界的提高。高举人文的旗帜，以人为目的，把技术当作手段，"不是把人的生活和与人的生活相关的种种事物仅仅当作满足功利需要的手段或对象来看待，而是当作人的自我实现、自我创造的活动和结果，当作人自己的作品，当作社会的人的自由的感性具体的实现来对待"[2]。让技术的进步为培育人的创造力、想象力、直观洞察力和艺术欣赏、评判能力等审美能力服务，为培养人的审美态度，并提升其审美情操、审美心胸和审美趣味提供技术支持平台服务，这样的技术革命才会给现代社会和文化生活带来深刻的变化和影响，诞生出全新的艺术形式和审美精神，产生出与众不同的审美意识和审美观念，并带给人们不同以往的审美体验，正因为现代技术提供了可能性，于是"人也按照美的规律来建造"。

科技美学应像中国传统美学中的"天人合一"主张一样，科技与美学融合交汇，既包括物之美，也包括人之美，更应包括精神之美，既能

---

[1] 姚文放：《审美文化学导论》，社会科学文献出版社 2011 年版，第 368 页。
[2] 刘纲纪：《艺术哲学》，湖北人民出版社 1986 年版，第 289 页。

融洽人与物之间的关系,又能和谐人与人、人与自然之间的关系,只有达成自然、人与科学技术和谐统一相互交融的"天人合一"的境界,才能够真正实现人文审美、生态审美与生态技术。技术不能够代替艺术,技术的目的是为人服务,为美服务,技术最终应该嫁接艺术,艺术最终应该忘记技术。《庄子·知北游》有"天地有大美而不言,四时有明法而不议,万物有成理而不说"的表述,在天地、自然和人自身之中理性与感性、逻辑与情感、规律与形式是和谐统一、水乳交融的,只有科技与人文、技术与艺术互相融合,才能达成"大美"的境界。

著名画家达·芬奇说"艺术借助科技的翅膀才能高飞"。福楼拜说"越往前进,艺术越要科学化,同时科学也要艺术化;两者在塔底分手,在塔顶会合"。卡尔·波普尔说"伟大的科学家相当于伟大的艺术家,他们像艺术家那样会受到想象、直觉和形式感的引导"。叶朗先生 2011 年 12 月 7 日在《光明日报》发表了名为《我们已经进入一个文化时代》的文章,他专门提到乔布斯的观点"最永久的发明创造都是艺术与科学的嫁接"给了我们极其重要的启示,就是:艺术和科学的融合,艺术和高科技的嫁接,乃是创意的灵魂。[①]

史蒂夫·乔布斯被称为我们这个时代最伟大的创新者之一,他使得艺术和科学发生了革命性的完美融合,他的光辉、激情和活力是无穷创新的来源,他丰富并改变了我们所有人的生活,世界因为乔布斯而变得更好,他去世的消息,让整个世界都为之悲痛。正如乔布斯最有名的那句话:"活着就是为了改变世界。"乔布斯用苹果改变了世界,让手机这件本来仅仅是一个通信工具的物件发生了天翻地覆的变化,乔布斯凭个人才能,将苹果缔造为创新、艺术与时尚的象征。iPhone 凭什么风靡全球,不就是一部智能手机吗?这恐怕会是很多人的疑问,但对于广大的"果粉"(苹果手机粉丝)来说,iPhone 不仅仅是部手机,苹果的产品更意味着潮流,意味着时尚,意味着一种生活方式。乔布斯并不是手机的发明者,但正如他在 iPhone 上市之初所宣称的"我们将重新发明手机",从 Mac 机,到 iPod、iPhone,再到 iPad,乔布斯一路走来,给我们带来了

[①] 叶朗:《我们已经进入一个文化时代》,《光明日报》2011 年 12 月 7 日。

不断的惊喜，iPhone 已经远远超出了传统手机的功用，它和 3G、4G 网络一起，推动了移动互联网的发展，是对互联网一次根本性的提升和拓展。它让人们重新热衷于社交，无数人通过使用 iPhone 手机在微博、微信及各种 App 应用软件上流连忘返，人和人之间的沟通更加频繁，人们仿佛都焕发出新的青春活力，乔布斯与其他的科技工作者在内在精神上显然是不一样的，乔布斯从骨子里就是个艺术家。乔布斯指出，研究 Mac 的初始团队拥有人类学、艺术、历史和诗歌等学科的教育背景，这对苹果产品脱颖而出一直很重要。苹果公司凭借它的技术产品，在 2011 年正式超越埃克森美孚，成为全球市值最高的上市公司。苹果的胜利，是技术的胜利，更是艺术的胜利，正因为有了技术与艺术的完美嫁接，才会有 iMac、iPod、iPhone、iPad。科技美学，人文审美，史蒂夫·乔布斯用他咬了一口的苹果把想象力、毅力、情感等人类感性的因素渗透进了技术之中，重新树立了科技的标准，我们只能用艺术来向乔布斯表达敬意！

图 3—19　用艺术向史蒂夫·乔布斯致敬

未来的前景是人的技术化，还是技术的人性化？这的确是个问题。

如果我们不想成为机器人，那么，技术的统治越强大，人文的控制就越紧迫。① 我们完全有理由相信现代信息技术的发展与进步有能力实现技术与艺术的完美结合，而且这是大势所趋，是时代的必然要求，高科技时代为人的个性化发展提供了大量的自由支配时间和强有力的物质活动手段，高科技也需要高情感、高感觉、高思维之间的平衡，只有充分考虑到人文因素，重视人的全面发展的需要，将科技的发展建立在人的科学素质和人文素质的融合基础上，以人为本，追求和凸显人的完整性、全面性，让科技的发展始终为人文审美服务，为人的精神文化提升服务，才是技术可持续发展的终极价值和目标。正如尼葛洛庞帝所说："人脑的可能性，至少目前为止，还远胜于电脑的可能性。也许人类应该做的是在对技术的信仰和对人类自身的信仰之间，寻找一个平衡的支点。"② 只有实现了人文主义审美理想和价值关怀，让人在得到审美享受的同时，也能得到道德的精华、精神的提升，才能够构建未来理想的传播关系，使技术与审美相得益彰，技术才会真正成为人类社会的福音。

---

① 常晋芳：《网络文化的十大悖论》，《天津社会科学》2003年第2期。
② ［美］尼葛洛庞帝：《数字化生存》，胡泳、范海燕译，海南出版社1997年版，前言。

第四章

移动审美教育

——手机的多媒体功能越来越强大，可以排解无聊、忧愁、烦恼、孤单，给我们带来精神上的愉悦、自由，可以在"移动"中随时随地上网，了解到更大兴趣范围内的新闻、讯息、音乐形式或者影视内容，获得随时随地的艺术滋养，但目前手机中还是快餐文化占主导内容。

——手机使自己的自我表现欲更强烈，可以随时记录生活，时刻发现美的存在，即时分享美的感受和体会，会有意识地去发现美、分享美，提高自己的审美观，但审丑心理好像在加重。

——手机会使我们上瘾，手里一直拿着手机，几乎一闲下来就刷手机微博、聊手机QQ、上微信朋友圈，没有了手机内心会有一种空虚、孤独和无所事事感。

——智能手机移动审美方式结构式访谈实录

审美教育是人类完善自身的一个重要方面，是人类文明发展的产物，其本质特征在于它的过程是一个审美体验的过程，是潜移默化的发现美、感知美并创造美的过程，其目标是培养感性能力和发展完满的人性，其功能在于提高对现实世界的感知、鉴赏和创造能力以及完善人的心理素质和性格，培养健全高尚的人格，塑造完美的理想人生。审美对于人的精神自由，以及对于人的人性的完满来说，都是绝对必需的。没有审美活动，人就不能实现精神的自由，也不能获得人性的完满，人就不是真正意义上的人。①

随着现代通信技术的迅猛发展,手机文化深刻影响和形塑着社会文化,手机这种"带着体温的媒介"正成为人们的生活伴侣和娱乐伙伴,作为一种技术性的工具与现代人的日常生活须臾不可分离,成为一种重要的生活方式和文化现象,正好印证了麦克卢汉的名言"媒介是人的延伸",随时随地和人的手掌连在一块的这么一个小小的电子机器仿佛就是人体的一个重要组成部分,通过它我们可以即时获取各种资讯,获得娱乐体验。

自20世纪以来,科学技术的进步,给人类带来巨大的财富和利益,同时也给人类带来深刻的危机和隐患,一切都符号化、程序化了,人的全面发展受到肢解和遏制,个体和谐人格的发育受到严重的挑战。席勒当年觉察到的"感性冲动"与"理性冲动"的冲突,在当代要比以往任何一个时代都更为尖锐。② 席勒说:"只有美才能赋予人合群的性格,只有审美趣味才能把和谐带入社会,因为它在个体身上建立起和谐。"③ 美育是以陶冶感情、培养情操为特征,以生动形象为手段,通过富有个性爱好的自由形式,潜移默化,以促进人的全面发展的一种教育形式。要想复苏人的感性,寻回理性与感性的和谐,培养人格完善的人,把人培养成为胸襟广阔、精神和谐、人格健全的新人,促进人的全面发展,必须仰仗审美教育来"实现人生价值的弘扬"。

现代社会人们面临激烈的竞争,生活节奏不断加快,工作的烦劳、心理的压力大大增加,超越现实生存的、自由的境界成为人们向往的理想状态。人们越来越不满足于功利的、实用的目标,而是去追求审美的享受,审美成为现代人生活不可或缺的一个重要组成部分。日益普及的教育使每个人从小就具有审美的修养,人们将审美和艺术活动当成一种日常生活休闲放松的方式,这样审美便告别了以前的神圣仪式,与味象、观道、上帝之光间离开来,迅速地向自身折叠并与感性、快感、身体相

---

① 叶朗:《美学原理》,北京大学出版社2009年版,第405页。
② 同上书,第427页。
③ [德]弗里德里希·席勒:《审美教育书简》,冯至、范大灿译,北京大学出版社1985年版,第152页。

关切,审美打上了日常性、身体性、大众性、享乐性等标记。在科技发达、物质生活和精神生活丰富多彩的今天,审美延伸到了日常生活之中,成为人们的普遍追求。在那审美的刹那之间,人会真的感到仿佛进入无限和永恒,达到万物合一的和谐境界;也只有在那审美的瞬间,人们才能彻底抛开功利的追求与束缚,视富贵如浮云,自由进入纯净的精神世界之中;审美可以使人的生命力得到充分的迸发,使人进入物我两忘的沉醉境界,人的生命在升华中得到再生,这是一种在现实中无法企及的境界。

在这个飞速发展的信息社会里,人与人、人与社会、人与自然矛盾与冲突更加凸显,美育对于保持现代人内心的和谐所特有的"感性教育"性质和"审美育人"功能显得越发重要。通过手机这个延伸了人的身体的技术平台,让美随时随地渗透到社会生活的方方面面并伴随我们的一生,引导我们不断去寻找人生的意义,去追求更高、更深、更远的东西,如果要追寻媒介工具的"人性化"发展向何处去?也许最好的回答就是让媒介的"技术化"发展与媒介的"审美化"发展相辅相成、相得益彰,增强媒介工具启真、扬善、怡情的美育功能,凭借手机这种可移动的"第五媒体"打造出一个当代人的"移动精神家园"。

本书提出的"移动审美教育"概念,就是基于移动审美方式,凭借智能手机平台强大的审美功能,随时随地都可以让人获得审美体验并在潜移默化之中受到美的熏陶和感染的一种新时期的审美教育方式。

一 当代移动审美教育

(一) 美学史上对美育及其方式的探讨

讲美育,必须涉及什么是美,什么是审美,什么是美学。法国启蒙思想家、美学家狄德罗说:"为什么差不多所有人都同意世界上存在着美,其中许多人还强烈地感觉到美之所在,而知道什么是美的人又是那样少呢?"他指出,"过去的种种'美'的定义的缺点,按自己的观点对'美'作出了解释;尽管他们的美学观有许多正确的、合理的成分,但是仍然未能最终科学地解开'美'之秘。"① 我国美学家朱光潜说："我们天天都用这个字，本来不觉得有什么难解。但是，哲学家们和艺术家们探索了两三千年，到现在还没有寻出一个定论，听他们的争辩，我们不免越弄越糊涂。"② 这也说明为"美"下定义并非易事，而要正确地运用美，运用美的规律来从事人的教育，更非易事。③

美是一种人类普遍可及的最高境界的道德，也是一种最贴近生活、贴近大众的哲学。④ 古今中外许许多多天才式的人物都把审美的瞬间视为永恒，视为无限，视为通向自由的捷径。美育又称审美教育或美感教育，它是人类文明发展的必然结果，也是人类自身建设的一个重要方面。它的任务是提高和培养人们对现实世界（包括自然和社会生活）以及整个文学艺术的鉴赏和创造能力，陶冶人的情操，提高人们的生活趣味，使人们变成更高尚、积极，在思想情感上得到健康成长。⑤

无论是东方还是西方，美育很早就受到了人们的重视。自古以来中国的思想家和学者们就十分重视美育的作用和价值。《论语·阳货》记载孔子在谈到《诗》的教化功能时说："《诗》可以兴，可以群，可以观，可以怨；迩之事父，远之事君；多识于鸟兽草木之名。"《荀子·乐论》在谈到乐的教育功能时说，"夫声乐之入人也深，其化人也速"，"乐者圣人之乐也，而可以善民心。其感人深，其移风易俗易"。白居易在《与元九书》中写道："圣人感人心而天下和平。感人心者，莫先乎情，莫始乎言，莫切乎声，莫深乎义。诗者：根情、苗言、华声、实义。"也就是说，诗歌是通过以情感人来达到教育的作用。在近代梁启超着力推崇美的地位和价值，他把美视为人生的目的，他说："人生目的不是单调的，美也不是单调的，为爱美而爱美也可以说为的是人生目的，因为爱美是

---

① 陆梅林：《马克思主义文艺学大辞典》，河南人民出版社1994年版，第56页。
② 朱光潜：《朱光潜美学文集》第一卷，上海文艺出版社1982年版，第145页。
③ 赵伶俐：《大美育实验研究》，西南师范大学出版社1996年版，第2页。
④ 赵伶俐、章新建：《高校美育——美的人生设计与创造》，西南师范大学出版社1995年版，第12页。
⑤ 杨辛、甘霖：《美学原理新编》，北京大学出版社1996年版，第375页。

人生目的的一部分。"① 梁启超认为"天下最神圣的莫过于情感"②。美育乃"情感教育",审美教育的核心就是"情感"教育。王国维提倡以审美拯救人性,在《论教育的宗旨》一文中他把美育称为情育,认为美育的功能"一面使人之感情发达以达完善之域,一面又为德育和智育之手段"③。蔡元培对教育作出了极大的贡献,他对美育情有独钟,他把美学与教育联结起来,并且身体力行。他认为:"美育者,应用美学之理论于教育,以陶冶感情为目的者也。"④ 蔡元培指出不能将美育等同于艺术教育,甚至是仅仅理解为美术教育,美育不仅有学校美育还有家庭美育、社会美育。蔡元培提出了著名的"以美育代宗教"的观点,他认为拯救国民的精神只能靠美育,因为"美育是自由的,而宗教是强制的;美育是进步的,而宗教是保守的;美育是普及的,而宗教是有限的"⑤。蔡元培的教育思想体系,其出发点和归宿也全在于培养受教育者作为人的独立人格、自由意志,达到人性的全面、健康的发展,"正是因为蔡元培太看中人的精神生活和内在的幸福感,所以在他的教育理想王国里,才出现了一个审美教育的乌托邦"⑥。朱光潜认为:"从历史看,一个民族在兴旺发达的时候,艺术成就必伟大,美育必发达。"⑦ 艺术教育有助于培养道德,艺术有表达情感的基本功能。他在《谈修养》一书中说,美育是艺术和人生的中介,审美教育的意义就是使人生艺术化。

在西方,古希腊的毕达哥拉斯学派和柏拉图、亚里士多德都十分重视美育,很早就提出了艺术陶冶感情的作用,柏拉图认为:"应该寻找一些有本领的艺术家把自然的优美方面描绘出来,使我们的青年像住在风和日丽的地带一样,四周一切都对健康有益,天天耳濡目染于优美的作品,像从一种清幽境界呼吸一阵清风,来呼吸它们的好影响,使他们不

---

① 姚全兴:《中国现代美育思想评述》,湖北教育出版社1989年版,第58页。
② 同上书,第75页。
③ 俞玉滋、张援编:《中国近现代美育论文选(1840—1949)》,上海教育出版社1999年版,第11页。
④ 同上书,第207页。
⑤ 高平叔编:《蔡元培美育论集》,河南教育出版社1987年版,第206页。
⑥ 桑新民:《呼唤新世纪的教育哲学》,教育科学出版社1993年版,第102页。
⑦ 赵伶俐、汪宏:《百年中国美育》,高等教育出版社2006年版,第38页。

知不觉地从小就培养起对于美的爱好,并且培养起融美于心灵的习惯。"①亚里士多德认为艺术起源于模仿,人类最初的知识就是从模仿得来的。艺术之所以引起人们的快感在于求知,他说:"我们看见那些图像所以感到快感,就因为我们一面在看,一面在求知,断定每一事物是某一事物。"② 亚里士多德强调了美育与智育的结合。在18世纪末,席勒第一次明确提出了"美育"的概念,他的《审美教育书简》是西方美学史上讨论美育的最重要的著作,《审美教育书简》是1793—1794年写给丹麦亲王奥克斯登堡的克里斯谦公爵的信。

席勒认为,在每个人身上都具有两种自然要求或冲动,一种是"感性冲动",一种是"理性冲动"。感性冲动是指人的欲求,这种欲求要受到自然必然性的限制;而理性冲动要受到来自道德必然性方面的限制。他认为在这两种冲动中人都没有自由,人是双重奴隶,人身上的这两个方面、两种冲动,在经验世界中常常是对立的,必须通过文化教养,才可能得到充分发展,并且使二者统一起来,这时,"人就会兼有最幸福的存在和最高度的独立自由"③。

席勒认为,古希腊人就生活在这样的一种理想的状态:"他们既有丰富的形式,同时又有丰富的内容,既善于哲学思考,又长于形象创造,既温柔又刚毅,他们把想象的青春性和理性的成年性结合在一个完美的人性里。"④ 进入现代社会,严密的分工制和等级差别使得古希腊人的那种完整的、统一的生活方式分裂了,"人性的内在联系也就被割裂开来了,一种致命的冲突就使得本来处在和谐状态的人的各种力量互相矛盾了"⑤。于是,每个人身上的和谐被破坏了,整个社会的和谐也被破坏了,为了解决这一社会危机,就要大力推行审美教育,使人从"感性的人"变成"审美的人"。席勒提出了感性冲动、理性冲动(或者形式冲动)和

---

① 转引自杨辛、甘霖《美学原理新编》,北京大学出版社1996年版,第380页。
② 同上。
③ 出自席勒《审美教育书简》第十三封信,这里采用朱光潜《西方美学史》中的译文。
④ [德]弗里德里希·席勒:《审美教育书简》,冯至、范大灿译,北京大学出版社1985年版,第28页。
⑤ 出自席勒《审美教育书简》第六封信,这里采用朱光潜《西方美学史》中的译文。

游戏冲动三个概念,席勒说:"感性冲动要从它的主体中排斥一切自我活动和自由,形式冲动要从它的主体中排斥一切依附性和受动。但是,排斥自由是物质的必然,排斥受动是精神的必然。因此,两个冲动都必须强制人心,一个通过自然法则,一个通过精神法则。当两个冲动在游戏中结合在一起时,游戏冲动就同时从精神方面和物质方面强制人心,而且因为游戏冲动扬弃了一切偶然性,因而也就扬弃了强制,使人在精神方面和物质方面都得到自由。"① 在席勒那里,游戏冲动就是审美冲动,在游戏冲动中人由分裂状态恢复为完整状态,因此可以说审美教育是人恢复完整状态的必由之路。席勒的智慧在于面对工业社会带来的现代性困境,他想到了艺术,倚重于审美。

席勒以后,黑格尔说审美带有令人解放的性质;韦伯说在越来越理性化的世界中,艺术承担了将人从理性主义压力中解脱出来的"救赎";阿多诺说审美是拒绝同一性的有力手段等。他们对审美乌托邦的向往,对工具理性的尖锐批判相当程度都源自席勒的美学理念。席勒坚信,唯有通过游戏性的审美,才能改变人的异化状态,弥合人性(感性与形式冲动)的分裂,达致人性的完美。从黑格尔到韦伯再到阿多诺,他们强调现代人应该通过想象性和情感性的表现活动,在审美和艺术的活动中,把现代人从刻板的、千篇一律的工具理性的牢笼中解救出来。

说到底,审美教育本质上就是人的教育,是培养"完整的人"的教育。斯托洛维奇认为:"审美教育不仅引导人的审美价值取向,而且形成和发展人的审美关系、他的审美知觉和审美体验的能力、他的审美趣味和理想、他在艺术中和艺术之外——即在任何形式的劳动活动、日常生活和行为中——创造审美价值的能力。换言之,审美教育在人身上唤起和形成那些具有人的价值的性质和属性。"② 审美活动使人性的完满得以实现,审美教育就是引导人们去追寻人性的完满,因此,美育当然可以使人获得更多的知识,特别是可以使人在科学的、技术的知识之外更多

---

① [德]弗里德里希·席勒:《审美教育书简》,冯至、范大灿译,北京大学出版社1985年版,第74页。
② [爱沙尼亚]斯托洛维奇:《审美价值的本质》,凌继尧译,中国社会科学出版社2007年版,第197页。

地获得人文的、艺术的知识，但这不是美育的根本目的。美育的根本目的是使人去追求人性的完满，也就是学会体验人生，使自己感受到一个有意味的、有情趣的人生，对人生产生无限的爱恋、无限的喜悦，从而使自己的精神境界得到升华。从这个意义上来理解"人的全面发展"，才符合美育的根本性质。①

当代社会是一个由技术进步推动的信息革命的时代，智能手机带来一种全新的生活样式与文化样式，出现了一些新的审美现象，形成了一些新的审美取向，引发出对当代美学与美育问题的新思考，美学史上对美育及其方式的广泛而深入的探讨，为新时代背景下探寻审美教育的新方式提供了理论的参考。

（二）移动审美教育——智能手机时代的传媒美育

任何审美活动及其文化作品，都需要具体的物质传输媒介，没有媒介就不存在审美活动，同样，一旦媒介发生变化，审美欣赏、审美创造、审美表现等审美行为方式也就会出现新的变化。加拿大学者哈德罗·伊尼斯在《传播的偏向》中指出："一种传播媒介的长期使用将在一定程度上决定被传播的知识的特性，并且认为，它的普及性影响终将创造一种文明，在这种文明中，生活及其变动性将变得非常难于维持，一种新媒介的优势将成为导致一种新文明诞生的力量。"②

科技革命带来传播手段的变化，对审美活动造成冲击，不同的媒介传播方式会培育出不同的审美文化，具体表现为艺术的生产与传播方式的不断改变，导致人们审美欣赏习惯、审美趣味日新月异。现代通信技术革命后，媒介工具呈现出数字化、网络化、移动化的趋势，传播过程即时化，各种信息共享化（咨询、音乐、视频、游戏等），实现了"天涯若比邻"的理想境界。

智能手机具有以往任何一种传播媒介都无法比拟的审美优势，体现在审美信息的即时传播，随时随地的比特式传输与复制，传者与受者双

---

① 叶朗：《美学原理》，北京大学出版社2009年版，第406页。
② ［加］英尼斯：《传播的偏向》，何道宽译，中国人民大学出版社2003年版，第113页。

向审美交流，储存和提取审美信息更加方便、简易、快捷，创作者与欣赏者可以平等对话，审美体验感更为多样和强烈等方面。随着移动网络时代的到来，审美的对象范围扩大了，审美视野也开阔了，审美的参照系统增加了，随之而来的是人们的审美层次也相应地提高了，智能手机使人们相互之间的审美交流更加畅通了，并突破了以往单一的审美模式，而具有了多项的选择性，并且在多项选择中，人们的审美意向更加具有个性化与自由性，这些审美方式的变迁与创新，都与网络化的时代紧密相连。但是同样应当看到，智能手机让人们的审美情境单一化了，沉溺于网络而与现实世界相疏离，人与人之间的交往也数字化、虚拟化而情感脆弱，而且由于网络的快捷，人们的审美想象能力在一定程度上也受到了限制。

科学技术的进步也促使人的自由本质在不断地得到开发与运用，当人们的日常生活更多地涉及自由创造的乐趣和喜悦时，美和美感就不再是抽象和奢侈的代名词，而是成为大多数人可以拥有的属性。媒介技术的不断进步已经发展到这样一种地步，我们生活中几乎一切，无论是审美的还是非审美的，都被制造成或理解成审美的事物，传播媒介让我们生活在一个审美化的空间之中。席勒当年所设想的感性冲动与理性冲动统一的审美境界，已经从纯精神的境界向世俗的日常生活滑动，与席勒渴望以审美拯救日常生活的碎片境遇不同，当代审美生活可能就是日常生活的多样景观的当然组成部分。

随着现代通信技术的发展与手机的普及，智能手机已经成为社会信息传播的重要工具，成为人们生活中不可或缺的伴侣，成为独特的社会符号。只要我们一睁开眼就面对着无比丰富的形象世界，令人目不暇接。真实的、虚拟的、平面的、立体的图像信息围绕着我们，我们也越来越习惯于图像化的接受、思考与表达方式。信息传播方式的进步，新型媒体的出现，总会带来人们生存状态和生活方式的变化。新媒介带来新的生活方式，媒介的变化直接导致了生活方式的变化，在信息爆炸的现代媒介环境中，面对巨大的信息冲击，人们深刻分析、处理信息的时间越来越少，对纯文字类的信息接受能力降低，导致人们在接受交换信息的过程中，对媒介技术的依赖程度越来越大。

今日的大众传媒以非常明显的态势担负了社会美育的功能，同时，还远比传统的社会美育更为集中，更为抢眼，也更有吸引力和感染力。因此，充分认识大众传媒所负载的美育功能，发挥其塑造"完整的人"的积极作用，是当代美学的重要任务。①波斯特在《第二媒介时代》中指出："媒介不过是一种奇妙无比的工具，是现实与真实以及所有的历史或政治之真全部失去稳定性……这一结果不是因为我们渴求文化、交流和信息，而是由于媒介的操作，颠倒真伪，摧毁意义……对历史和政治理智的最后通牒作出自发的全面抵制。"②使大众传媒开发人们的审美感觉，培养人们的审美趣味，正确引领时代审美风尚，带给人们健康美好的审美享受，担负起社会美育的责任，是大众传播媒介不可推卸的使命与任务。现有的美学理论虽然没有一个大一统的体系，但都会展开对审美主体、审美客体和审美心理过程的论述。实际上，审美主体、审美客体和审美心理过程这三个理论层面的问题也是美学理论要解决的主要问题。③手机作为新兴并且使用广泛的"第五媒介"，为审美提供了新颖的技术手段和便捷的传播渠道，不但可以据此开辟出崭新的审美空间，还可以提升精神的意义，打造出一个具有人文价值的技术平台，手机的美学价值与美育功能集中体现在：1. 创造出更为自由的主体条件，扩大了审美主体性；2. 为美提供了较为宽泛的客体条件，丰富了审美的对象；3. 改变了社会价值关系的基础，为人与对象的实践关系向更广阔的审美关系过渡创造了前提条件，带来了审美生活的深层变化。手机传播时代的审美主体、审美客体及审美主客体之间关系的变化，使审美教育的方式和方法必然随之发生相应的变化，手机媒介如何使其传播的内容更积极、健康、高雅和审美化，如何更有效地提升人们的心灵和精神，成为启真、扬善、怡情的现代大众美育工具，是我们当前必须思考和解决的重要问题。

智能手机时代大规模推广、施行移动审美教育可以丰富当代传媒美

---

① 张晶：《大众传媒在国家美育工程中的社会担当》，《现代传播》2010 年第 7 期。
② [美] 马克·波斯特：《第二媒介时代》，范静哗译，南京大学出版社 2000 年版，第 20 页。
③ 余开亮：《网络空间美学理论的嬗变》，《河南社会科学》2003 年第 4 期。

育的手段和形式,提高传媒美育的质量和影响力。审美的特点就在于它超越了有限的功利之境,进入了一个无限澄澈的意义世界,人不再囿于外在粗陋的实际需要,不再将对象视作有利于有限需求和意图的工具;人通过审美,通过非实用性自我发现、自我肯定、自我创造,最终达致最高的自由境界。[①] 媒介工具的实用功能和审美功能齐头并进,本书第三章的现状调研得出了如下结论:智能手机作为"第五媒体",审美功能比以往媒介更强大,媒介发展的"人性化"趋势也就是"审美化"发展趋势。由此可见,审美需求是媒介技术发展的内在驱动力,媒介与审美的关系在这样一个时代里是相互协调、相互促进,共同引领人性进步,促进人类精神境界不断提高。智能手机强大的审美功能应该激起人们对和谐、崇高、理想价值的强烈兴趣,拒绝普遍的物质诱惑,能够适度地把握对精神和物质的同步追求。"人对世界的审美关系和谐地统一起人的所有精神能力,借此审美教育是造就全面和谐发展的个性——最高的审美价值——的重要手段。"[②] 智能手机便是一个可以用来随时随地进行审美教育,造就和谐人性的媒介工具,它将图、文、声、像融合在一起的多媒体技术与移动互联网的高速上网功能,为当代美育提供了技术层面的支撑,智能手机突破了时空的限制,可以随时随地用来为培育人们的创造力、想象力、直观洞察力和艺术欣赏、评判能力等审美能力服务,它还可以培养人的审美态度,并提升其审美情操、审美心胸和审美趣味。只有以正确的方式使用手机,以正确的态度对待手机,培育健康向上的手机审美文化,手机才能在当代社会实现"移动美育",开辟出一种审美教育的新方式,随时随地滋养人们的心灵,提升人的精神境界,促进人的全面发展。

[①] 傅守祥:《审美化生存——消费时代大众文化的审美想象与哲学批判》,中国传媒大学出版社 2008 年版,第 22 页。
[②] [爱沙尼亚] 斯托洛维奇:《审美价值的本质》,凌继尧译,中国社会科学出版社 2007 年版,第 202 页。

二 智能手机时代美育现状与困惑

(一) 手机的社会影响

据艾媒咨询发布的报告,作为全球最大的互联网市场,中国的智能手机普及率已创下新的全球纪录,中国用户目前已拥有超过 5 亿台智能手机,在过去一年中增长了 150%。67% 的中国人曾饭前拍照发微薄,而智能手机的用户平均每 6 分钟就看一次手机,28% 的用户平均每天使用智能手机超过 5 小时,手机已经让人上瘾,92% 的年轻人上厕所时使用手机,每天有 1000 位用户通过手机婚恋牵手成功。

2009 年 1 月,中国移动、中国电信和中国联通分别获得 3G 牌照,标志着我国正式进入 3G 手机时代。3G 通信的主要业务是资讯、娱乐及商务,3G 的应用为全新的数字化娱乐时代揭开了序幕。截至 2011 年 7 月我国手机用户数已达 9.30 亿户,手机网民规模 3.18 亿,手机网民在总体网民中的比例提升至 65.5%,手机作为"第五媒体"正在对人们的生活产生巨大的影响,带来了数字化、网络化、移动化的生活方式,并创生出新的审美内容,孕育出新的审美精神,拓展出新的审美文化空间。随着媒介传播技术的迅猛发展,信息革命的时代影响,传播领域发生了突飞猛进的变化,手机 3G 时代的来临与电信网、广播电视网和互联网三网融合的加快推进,信息的传播不仅更加及时准确,而且给人们的审美方式、行为方式、生活方式都带来深刻的影响,其覆盖面的广度、辐射力的强度、渗透性的深度,超过以往任何时期。手机的广泛运用既带来积极的影响,也具有负面的效应。

24 岁小伙爱玩 iphone　半年视力就下降 0.5 度

在早晚高峰的公交车上,我们经常都可以看到一个场景:一路上,不少上班族低着头用手机玩微博、看小说、玩游戏,有的时不时皱一下眉,有的对着手机含蓄地微笑,有的不停地在手机屏幕上划划点点……24 岁的舟舟就是他们中的一个。每天早上,舟舟都要坐着公交车从重庆的几乎是最西边(巴国城)到最北边(北部新

188　手掌上的风景

区），1 个多小时车程，他喜欢玩手机打发时间。最近两个星期，舟舟发现，在公交车上耍手机时，不到 20 分钟，眼睛就有点肿胀、模糊，甚至出现重影。前两天，他陪女朋友去配眼镜，顺便也测了一下视力，结果很意外：原来让他引以为傲的 5.3 的视力下降了，左眼 4.7，右眼 4.8："怎么才半年眼睛就下降了 0.5 度？"医生称乘车耍手机是一种坏习惯，会对眼睛产生很大的负担。①

爸妈心里犯嘀咕　宝宝也成 ipad 控？

　　平板电脑方便了我们的生活。但如果你留心观察，在早教中心、儿童医院、快餐店这些孩子扎堆的地方，我们总会看到有抱着平板电脑的孩子在耍游戏，或看动画片。他们中间年龄最小的，甚至只有 1 岁多。这些孩子，不光能捧着电脑看动画

---

① 摘录于《重庆时报》2011 年 12 月 5 日。

片,甚至还能熟练地用手指滑开电脑上的屏幕锁,点击图片。娴熟程度让长辈咋舌:"现在的娃娃,恁个小就会用电脑,架势还足得很。"在妈网、重庆晨网的亲子频道,我们也经常会看到两难的家长发帖:"Ipad 到底能让多大的孩子玩啊?每次玩多久更合适?"①

重庆近九成小学生使用手机　近半自认有负面影响

随着智能手机的出现和3G网络的普及,80、90后"机不离手"的现象渐成趋势,手机上网受到青少年群体的追捧,00后也不甘落后。记者对渝中区第二实验小学等数所小学230名学生进行调查,数据显示小学生使用手机上网的比例高达85.7%。娱乐、聊天、游戏是小学生手机上网的第一目的。②

台湾四成中小学生玩手机"上瘾"

智能手机大行其道,学童概莫能外。台湾21日公布的一项调查显示,学童使用手机的比例越来越高,四成玩手机"上瘾"。这项针对全台4000多名中小学生进行的调查发现,超过半数的小学五、六年级学童拥有手机,初中生更超过7成,而且76.6%的手机是由家长提供的。台湾儿童福利联盟文教基金会执行长王育敏在台北记者会上分析,多数家长给小孩买手机是为了接送联络方便,却造成本末倒置,逾6成学童使用手机发短信、听音乐、拍照、摄像、玩游戏,即便学校有管制,仍有近1成孩子在上课时间玩手机。37.4%的受访学童一早起来就玩手机,26.6%会在上学途中使用,有的甚至在晚上睡觉时躲在被窝里发短信。③

---

① 摘录于《重庆晨报》2011年12月13日。
② 摘录于《重庆商报》2011年3月3日。
③ http://www.chinanews.com/tw/2011/12-21/3549626.shtml。

在本书第三章的移动审美方式现状调研中，通过"智能手机移动审美行为方式"问卷调查得出了如下结论，是本研究从实证的角度测量出的智能手机对现代人的审美生活具体的影响表现。

1. 智能手机的使用时间与审美功能。智能手机为人们的审美生活带来新鲜、刺激感，但智能手机时代"内容为王"，内容的开发还没有跟上人们的审美需求，碎片化、平面化的内容让人们产生了审美疲劳，随着使用时间的延长审美功能开始下降，但审美理想在18—24个月达到高峰，说明随着时间延长人们对手机审美内容开发的需求和渴望在增强。智能手机的实用功能随着时间推移，到24个月以上达到高峰。

2. 不同学历人员使用智能手机的审美现状。高中生在智能手机审美功能得分上比大学生和研究生低，但高中生的审美理想却高于实用理想；高中生审美表现行为最高，审美创造行为最低；研究生审美创造行为最高，审美表现行为最低。说明我们对高中生的审美素养和媒介素养的教育还需要加强，手机内容与功能的开发还没有满足高中生比较强烈的审美需求。

3. 不同年龄人员使用智能手机的审美现状。对不同年龄阶段智能手机使用人群来说，28—34岁人员审美理想项目得分显著高于22—28岁人员，说明当前社会审美教育这一部分比较薄弱，导致刚大学毕业或研究生毕业的人们更加追求实用。28—34岁人员更加成熟，人生阅历和知识积累更加丰富，更加富于审美创造，22岁以下人员则富于审美表现。

4. 不同职业人员使用智能手机的审美现状。教师在实用功能上的得分显著低于专业人员和非专业人员的得分，但是教师在审美功能上的得分显著高于专业人员和非专业人员得分。在审美理想和实用理想上，教师与学生的得分差异显著，教师在实用理想上的得分显著低于学生的得分，但是教师在审美理想上的得分显著高于学生的得分。学生审美表现行为最高，审美创造行为最低；教师审美创造行为最高，审美表现行为最低。

5. 不同性别人员使用智能手机的审美现状。使用智能手机的女性对于其审美的需求大于实用需求，而男性则是实用需求大于审美需求。女性在三种审美行为方式上得分都高于男性，但只有审美欣赏的得分显著高于男性的得分。

可以看出，手机给现代人的生活带来巨大的变化，产生出正面的与负面的双重影响。今天，手机无疑是最热门的话题，手机的数量与质量在不断提升，手机迅速向所有的人群蔓延，上到老下到小，它无所不在的触角延伸到了中国人生活的每个角落，正以令人难以置信的速度向前发展。而当代青少年对于手机的认识远比成年人深刻，手机在他们的生活中扮演着极其重要的角色，成了他们生活的必需品，目前手机渗透的人群越来越广泛，在中学生甚至小学生中的拥有量不断增加，手机伴随着青少年并且指导着他们的成长，他们被称为手机一族。

沉湎于手机的人，远不止痴迷于手机网络游戏的那些人，更多的人宁可摆弄自己的手机而不愿与其他人进行交流。甚至，越来越多的人睡觉的时候也握着手机，不厌其烦地查看，生怕自己错过了什么。时下，手机购物、手机聊天，手机微薄、微信、播放手机视频、图片及音乐交换……构成了当今众多青少年的日常生活。因为手机的便携性、不易觉察性，无论是在课堂上，还是在自己的被窝里，有些青少年手机不离身，随时随地沉溺于手机之中，或者使用手机上网玩游戏，有的时间甚至长达几天几夜，导致神经高度紧张和兴奋，弱化了他们的思维能力，严重影响了他们的学习和生活。以前人们欣赏文艺作品，能够充分发挥自己的联想与想象能力，所谓"一千个读者心中就有一千个哈姆雷特"说的就是传统文学作品能够带来那种独具韵味的审美体验和享受，充满了温情与教益。目前一些人，特别是青少年"一旦离开了手机，就像来到沙漠中仰望太阳的罗非鱼一样绝望"，"手机会使我们上瘾，手里一直拿着手机，几乎一闲下来就刷手机微博、聊手机 QQ、上微信朋友圈，没有了手机内心会有一种空虚、孤独和无所事事感"（智能手机移动审美方式结构式访谈实录）。而手机这种视听工具长期使用会让人们变得机械和麻木，手机带来了感官的分离和"支离破碎"，手机构建的虚拟真实已进入人们的内心，使人们主动或被动地放弃了与人、与自然的亲密接触。

在手机 3G、4G 移动网络交往中人面对的不是实体性主体，而是被各种符号关系重新塑造的虚拟主体，这种主体不仅能及时有效地传递声音和文字，而且还能随时随地传递图片、视频等关于个体的更详细的信息，主体之间不必面对面，而是面对机器来进行超时空互动。网络交往是个人直接面对机器的一种全新的交往方式，在此，对方隐匿于个体的直接感觉范围之外，并以虚拟性和符号化的形式呈现于特定的媒介终端，在此，不得不遵循特定交往规范的"人机关系"就取代了传统的面对面的"人际关系"，人们的交往形式发生了根本性的变化，它必然对传统的沟通方式带来巨大的冲击。

网络空间处处表现为片段式的符号的堆积，出于各种目的被任意复制、粘贴过来的文字、图片符号，各种情绪和生活的即时记录等充斥于各种交往空间。在这里，所有的符号都失去了它的固有联系（因此都可以被超链接），它背后原本确切的所指意涵变得游移不定，不知所踪，只留下空洞的物质载体，并与其他的符号载体互动连接为一个信息的汪洋大海。在这里，由于人面对的是网络媒介呈现出来的主体，而不是实际的可触可感的主体，主体本身的完整性就无法完整再现和组织起来，传统意义上线性的理性思维被迫转化为浅表性的、片段性的感性认知，并进一步支配着主体的态度和行为。

自从进入媒介化生存时代以来，现实世界的各种伦理关系总是被各种介体所中断并重新接续，这些介体就包括智能手机等电子产品；重要的是，通过电子产品接续起来的伦理关系必须按照这些产品固有的逻辑来运行，也就是说，人与人之间的关系必须接受媒介逻辑的再创造，而一旦现实的伦理关系被转化为一种虚构的网络关系，其中固有的各种价值、精神和原则都会被打破。

在智能手机传播的新语境中，审美教育不仅要坚持其传统的诉求，即培养人们的美感和审美感受力、理解力、鉴赏力，提高审美趣味和艺术修养，更重要的是，它应该承担起更为艰巨的任务，即作为人类的精神力量和道德源泉，它应该成为改造个人生活和社会的一种重要途径。

网络化生存并不能完全代替人类社会现实生存，但是它却可以使人类社会现实生存更有成效，更加色彩斑斓。[1] 智能手机等移动终端的普及带来崭新的"生活美学"，在自媒体时代，人们的审美方式变得既小（微

---

[1] 孔繁玲、张勇、满恩：《网络化生存》，《理论探讨》2001年第5期。

博被压缩到 140 个字符以内）且快（网络传播的翻新率被提升）又即时（微信让大众即时分享）。这种技术特性是把双刃剑，既让审美得到民主化的播散与普及，也使审美变得愈加"虚薄化"。智能手机将人们置身于"微时代"，不仅艺术作品本身发生着变化，整个审美系统也因此发生了嬗变。微时代的"审美教育"明显不同于传统审美教育。在美术馆与音乐厅里，艺术品与观众或听众之间形成了等差关系，艺术品高高在上，充当老师，受众则好似学生。有别于这种"园丁教育"模式，生活美学走的是"平等教育"之路，人们与文化对象之间形成了既开放又对话的动态关联，而非来自他人的等级教育。

智能手机传播时代的审美教育，需要从艺术教育领域向自然环境、社会生活美育领域的拓展，需要虚拟与现实的结合，需要教化与对话的协调，需要感性的张扬与理性反思的平衡。我们应该让多种感官、多种心理功能共存并进，不仅是视觉、听觉，而且触觉、嗅觉乃至味觉都应当得到调动；联想、想象、思维、理智、情感、意志等多种心理活动也应当综合发挥作用，随着现代传媒的发展，我们期待着迎来一个多元文化共存并进的新时代。

（二） 智能手机时代的审美困境

麦克卢汉曾经断言："任何技术都逐渐创造出一种全新的人的环境。"[1] 在这样一个技术至上的"网络化生存"时代，现代人群，特别是青少年群体，日常生活的主要休闲娱乐方式、审美方式集中于利用手机、电脑等视听媒介工具进行上网、游戏、购物等方面，普遍处于感官刺激、感官消费状态，消费至上代替了审美至上。在城市社区和学校周围，网吧林立，但可让人静心休闲的温馨的阅览室、图书室、文化茶楼、书吧等却数量较少。消费至上、感官至上带来快餐文化、低俗文化对高雅艺术的强烈冲击，在一定程度上导致经典审美情怀的丢失和人类精神家园的失落。无线网络技术也改变了艺术的表现形态，导致人们的审美方式

---

[1] ［加］马歇尔·麦克卢汉：《理解媒介——论人的延伸》，何道宽译，商务印书馆 2000 年版，第 25 页。

和体验方式发生变化，新的审美理想颠覆了传统的艺术观念，个性化的审美创造消解了传统的经典艺术。"技术在现代的、充满活力的文化现实中占据着重要地位。人们愈发广泛地承认，现代技术是现代文化得以建立的基础。在很大程度上，我们文化的未来将被技术控制和决定。"①

手机以其海量的信息和即时的通讯功能而成为当代生活的必需品，但这种必需品既不能吃穿，也不能满足人的基本生理需求，而是以建立各种各样的连接为基本功能，它就像一个神奇的遥控器，只要轻轻触动其中的一个按键，一个遥远的时空就展现在人的面前。手机中似乎展现了一个无限的世界，而每一个人不得不在具体的有限的时空下生存，因此，就像法国理论家波德里亚所说的，真实世界模仿虚拟的"超真实"世界，这才是当代生活的真相。人们被一个虚幻的、不可碰触的世界深度影响，甚至受其控制和支配。

虚拟性是移动网络的主要特点。移动网络的虚拟性不仅是互联网的延伸和再结构化，而且因其具有可移动性、便携性等特点，智能手机实现了网随人走。移动网络的虚拟性可表现为网络空间的虚拟性、网络行为的虚拟性、网络行为主体的虚拟性等。在这个虚拟空间里，人的形象、身份、行为都被数字化、符号化了，变成一种可被任意组合、改造和包装的对象。借助于各种 App 软件，个体形象和个性虚拟空间可以达到自我理想化的极致状态。例如在 QQ、人人、微博、微信、陌陌软件中都有资料填写、身份认证、头像上传、照片上传等功能。个人照片可利用美图秀秀、Photoshop 等编辑软件美化处理后发布在网上，用户也可以将自己的性格、爱好、特长等信息描述得更加生动活泼。"3G 网络成为一个理想化的空间，它让我们很好地、有选择地展示自我，理想化对对方的认识，满足认同需求。"②

经过这样的技术处理，虚拟形象的表达无疑更加美化、幻化和理想化，个体因此被笼罩于美丽的假面之下，成为"第二个自我"。也就是

---

① ［荷兰］E. 舒尔曼：《科技文明与人类未来》，李小兵等译，东方出版社 1995 年版，第 1 页。

② 沈刘红：《网络交流：人际性的回归》，《当代传播》2003 年第 5 期。

说，移动网络不仅使个体形象及其个性空间达到理想化的完美状态，而且对于对象的认识和理解也容易产生理想化的冲动。

在虚拟世界里，视觉满足成为压倒性的感官需要，视像快感成为个体快感的最重要来源。然而，移动互联网带来的视觉审美体验已经不再是传统意义上无功利性、超越性的审美静观，相反，它是一种即时性的、流动性的、身心合一的全新体验，在此，传统审美范式中的审美距离已经被冲动的视觉欲望所侵蚀和打破。这是一种具有后现代特点的审美体验，在此个体欲望与审美快感始终相伴相随。正如费瑟斯通所说："距离消解有益于对那些被置于常规的审美对象之外的物体与体验进行观察。这种审美方式表明了与客体的直接融合，通过表达欲望来投入到直接的体验之中。"① 英国当代社会学家斯科特·拉什曾提出"消解分化"的概念，它意味着"及时体验"和"及时审美"，这种审美范式都强调了个体感官欲望在审美过程中的重要性，正是网络审美过程的真实写照。

由于当今社会缺乏价值和意义，技术将代替我们做出决定。我们将听从技术，因为我们现代人的耳朵再也听不进别的，再没有其他坚定的信仰。想象一下技术需要的是什么，我们就可以想象出我们文化的发展方向。② 手机为人们提供了一个封闭而又开放的空间，人与人之间通过网络的交流可能并没有深厚的情感基础，缺乏真实的表情语言，交流的方式显得冷冰冰，人与人之间容易产生隔膜。每个手机用户越发显得独立、个性，彼此之间的现实交流变少，相反在移动电话、短信、手机微薄、微信、手机 QQ 等通信和移动网络中的交流却日益增多，这直接导致了人的语言表达能力的退化、书写能力的减弱，性格也会逐渐变得冷漠、自闭、难以沟通，产生心理上的问题，而这与现实社会的开放性恰恰背道而驰。移动网络带给使用者一个无限延伸的虚拟世界，它打破了时空概念，甚至让人混淆了现实与虚幻的关系，沉浸于虚拟实在之中无法自拔，无法辨清方向，许多青少年就因为长时间沉溺于手机移动网络虚拟生活

---

① [英] 迈克·费瑟斯通：《消费文化与后现代主义》，刘精明译，译林出版社 2000 年版，第 104 页。

② [美] 凯文·凯利：《网络经济的十种策略》，萧华敬、任平译，广州出版社 2000 年版，第 224—225 页。

中而对现实生活产生厌倦心理。虚拟实在在使人们自由穿梭于虚实之间的同时，有可能使我们的生活世界空洞化，甚至使人自身空心化。也就是沉溺于"虚拟实在"中，把"现实"当成"虚拟"，又把"虚拟"当成"虚幻"，把事物的虚拟的替代物当作事物本身。"虚拟世界可以威胁人为经验的完整性……我们需要学会时不时地抑制虚拟实在。无限多样的世界呼唤心智健全，呼唤与现实的联系，呼唤形而上学的基础。"[①] 手机带来的"读图时代"将艺术形象明确化、平板化，缩短了人们的思考时间，虽更能适应快节奏的现代生活，但其同时也带来了现代人形象思维的弱化、想象力的贫乏、艺术感受力的模式化、欣赏品位的肤浅化等弊端。

　　在这个智能手机传播时代，媒介技术变革引发人们行为方式等发生巨大变化，对现代人的生活方式、审美方式影响深刻而又全面，并表现出新的审美思潮与特征，具体体现为：第一，由于社会经济、文化的大转型以及智能手机等新媒介工具的影响，审美方式快速地朝后现代的感官消费方式转型，甚至转化为单一的读图审美方式；第二，形而上审美意识、理性审美意识、精神审美意识逐渐转化为形而下审美方式、感性感官审美方式、物质消费审美方式；第三，古典崇高优美的审美情境逐渐被极端审美体验的新潮流所取代；第四，普遍流行消费主义、物质主义的审美思潮，并以消费思潮代替审美思潮；第五，从艺术哲学的角度看，人们的审美特征普遍表现为：艺术哲学向艺术社会学转化，审美本质主义向审美消费主义转化，理性审美向感性审美转化，精神家园的审美需求向暴力美学、残酷美学转化等。

　　移动网络是一个开放的系统，每一个点都可以通向任意另一点，沟通的点数是无限的，沟通的路径自然也是无限的。相较于传统的被动的传播模式，智能手机传播更加开放和自由，移动互联网上的信息传递交互性，无疑使传者和受者之间、受者与受者之间的交流更加及时、广泛和充分，每一位手机用户都有机会成为信息的接受者、传播者以及发布

---

① ［美］迈克尔·海姆：《从界面到网络空间：虚拟实在的形而上学》，金吾伦等译，上海科技出版社2000年版，第135—136页。

者,由此带来一个特殊的、自由的、开放的空间,大家都可以在这个虚拟空间内畅所欲言,而这种开放性的技术特点也为整个社会的开放形态注入新的力量,逐渐改变着人类的思维模式和生活方式,与此同时丧失了道德底线的部分手机用户滥用传播方式的自由性大量传播垃圾信息,充斥于手机中的低俗、黄色、暴力文化,加大了人们获得有效信息和真实信息的难度和成本,手机审美文化产品的现状不禁让人忧心忡忡。艺术与物质世界的脱离、与真实的相悖引发了一系列的理论难题,美是什么、真实是什么、艺术的功能是什么,这些本来在传统美学中就悬而未决的难题在移动网络的冲击下更是显得幻影幢幢、难以清理了。

沉湎于网络景观的网虫与周围世界的情感交流日渐稀少。沉迷于虚幻的网络世界也阻碍着青少年形成健康向上的审美理想和审美欣赏习惯。现实社会中审美标准的统一性和主导性在网络空间部分失效,道德和审美权威的缺失使网络世界容易成为一个道德失控、审美混乱的世界。[①] 网络的虚拟与艺术的虚构和想象有重合的一面,这对文艺创作是有利的;但另一方面,由于网络技术的新奇和玄妙,又可能使人们陷入技术工具的黑洞而不能自拔,进而迷失艺术的本性,误将虚拟的读屏符号当作普遍的价值出发点,将人类导向意义和价值虚无的危途。[②] 平面化、世俗化、大众化的手机艺术作品,在真实反映了现代人的精神世界的同时,是否导致我们的审美标准与审美品位的降低,手机艺术作品的审美性与传统艺术相比是前进了还是退步了,审美内涵是更加丰富还是略显单薄,在手机虚拟空间中泛滥的狂欢化的审美世界,是不是使我们的审美消费呈现出浅表化、庸俗化特征,这些都是在这样一个手机传播的新语境下我们需要重新分辨和认识的问题。这一切似乎都在表明,智能手机传播时代的美育任务要比席勒时代、蔡元培时代更为复杂,也更为艰巨。

(三) 移动美育的价值与特征

现代科技文明的发展,造成了马克思所讲的物质力量与理智力量的

[①] 何志钧、秦凤珍:《网络传播与审美文化新变初探》,《湖南文理学院学报》(社会科学版) 2006 年第 5 期。

[②] 欧阳友权:《网络审美资源的技术美学批判》,《文学评论》2008 年第 2 期。

直接结合。这种结合造成对心理文化的强大挤压，破坏了它原有的完整性，抽象掉它原有的活泼的感性生命，对个性原发性的丰富内在活力造成压抑和摧残。其结果正是席勒所指出的人被分裂成碎片，马尔库塞所说"单面人"。面对这种历史局面，席勒提出了一个重要思想，即在物质力量与理智力量之间保持一定的张力，具体的途径是以审美作为中介，来联系与协调这两种力量。①

在某种意义上说，艺术的发展史是审美与技术不断相互作用的历史。一方面，技术向审美渗透，影响着人类审美活动的发展变化；另一方面，审美向技术渗透，克服技术的僵化、死板、千篇一律，使之成为创造审美自由的条件，具有生命情调。② 手机作为现代通信技术的产物，其媒介技术发展的"人性化"趋势其实质也就是"审美化"发展趋势，手机媒介将声音、文字、图像等融为一体，人们可以在虚拟空间中通过不同媒介形式表达思想、传递信息，大大提高了传播的效果，手机传播的多元化、综合性特征，为人们提供了更多彰显个性、表达观点的渠道，同时也激发了人们自由与共享、自主与平权、互助与奉献、开放与兼容等现代审美意识，创生出全新的审美内容，可以说手机便是审美与技术相协调融合的产物，这种融合是人类自由生命不可抑制的创造本性使然，移动审美方式让审美渗透到了我们生活的每一个时刻和每一个角落。

如今，由技术所带来的审美层面的种种不和谐因素要求我们必须通过审美教育的途径来解决，现代社会要求现代人具备更高的综合素质，集知、情、意于一身，拥有更高的求真、求善、求美的能力，丰富和完善人的情感，按照"美的规律"来开展塑造"理想人格"的美育，从而关照现代人的生存方式和生存状态，通过审美教育进行审美态度的陶冶，审美能力的培育，提高人们的审美趣味和艺术修养，促使人们关心自然、关注社会、关爱自身，更加追求审美化的美好生活。在当代社会"网络化生存"背景下，更应该把人的全面发展和人格的完整性作为美育理论和实践的出发点和归宿，把审美育人（促进个体的审美发展或感性发展）

---

① 杜卫：《美育论》，教育科学出版社 2000 年版，第 113 页。
② 同上。

作为美育的本质和基本任务,把关心人的生存和发展、尊重个性发展、促进个体的情感解放和精神自由作为美育的根本价值尺度。① 通过审美教育促使人们,特别是青少年具有一种诚实、善良,对社会的责任感,对自然及人类的同情与热爱,实现对自身的生存方式及生存状况的集中关照,最终确立人与自然、人与社会、人与自我的和谐关系。

爱因斯坦说:"有关是什么的知识并不直接打开通向应该是什么之门……客观知识为我们实现某些目标提供了强有力的工具,但是终极目标本身以及实现它的热望必须来自另一个源泉。"② 在这样一个"网络化生存"的时代里,"虽然衣着时尚,并整日徘徊在因特网上,但人们仍旧是孤独和不快乐的"③。所以在这样一个时代,我们更应该加强审美教育,从而为现代人实现对自身的生存方式和生存状况的全面关照,以力求达到人与自然、人与社会、人与人类自身的和谐关系。美育是人类认识世界、按照美的规律改造世界、改造自身的重要手段。美育主要是培养人们的正确审美观,提高人们鉴赏美、创造美的能力。④ 审美教育有如下的作用和功能:第一,短期审美教育,可动摇人生价值观的某些因素,长期审美教育可可全面影响人的价值观念,乃至改变人的行为。第二,审美教育能使青年人保持积极心理状态,且乐于接受教育。⑤ 现代社会更需要具备完整人格的现代人,我们这个时代更应该关注人自身的生存质量,关注生命本体的自由发展。美育主要着眼于保持人(个体)本身的精神的平衡、和谐与自由。美育使人通过审美活动而获得一种精神的自由,避免感性与理性的分裂。⑥ 在这样一个移动互联网深深渗透到我们每一个人生活之中的时代,"网络化生存"的现实背景呼唤着新时代的审美教育方式,在这种形势下,移动美育以陶冶感情、培养情操为特征;以情感人,以生动鲜明的形象为手段,通过富有趣味个性化的形式,让人在娱

---

① 杜卫:《美育论》,教育科学出版社2000年版,导言。
② [美]阿尔伯特·爱因斯坦:《爱因斯坦晚年文集》,方在庆等译,北京大学出版社2008年版,第17—18页。
③ 姜华:《大众文化理论的后现代转向》,人民出版社2006年版,第222页。
④ 杨辛、甘霖:《美学原理新编》,北京大学出版社1996年版,第385页。
⑤ 赵伶俐:《人生价值观的弘扬——当代美育新论》,四川教育出版社1991年版,附录。
⑥ 叶朗:《美学原理》,北京大学出版社2009年版,第413页。

乐与休闲之中接受教育,用潜移默化、润物细无声的方式去促进人的全面发展,形成"完美人格"。

通过美育,提高人的审美感受力、审美鉴赏力和审美创造力,使人的感觉更为敏锐、更具鉴别力,塑造完美人格,达到人自身的完善,使人进入自由之境,使生命的价值得到升华,以美启真,以美引善,引导人按照美的规律去评价和创造自己的生活。

移动审美教育是综合利用最新科技文明的产物——智能手机这一媒介技术工具,打造出的一个可移动的现代美育平台,它较之传统美育更符合现代人的文化精神,智能手机这样一个技术工具可以丰富人们的生活,随时随地满足人们欣赏美、创造美、表现美的愿望,使人们时刻感受到有意味、有情趣的人生,满足对美和审美的需求,对生活的精彩和丰富产生无限的爱恋和追求,提升精神的境界,使生活更加完美。移动审美教育立足于全新的技术与文化环境,拥有传统美育无法比拟的优越性,它不必局限于物理的时空之中,更具包容性;可以培养平等、开放、兼容的现代审美意识;尊重不同的文化趣味和审美选择。其主要特征表现为:

第一,无可比拟的影响力。智能手机具有的开放性、多元性、交互性及海量信息的特征及其强大的多媒体和高速上网功能,以及手机媒介的高度普及性,使其影响力的广度和深度都大大增强,能够满足广大人民群众,特别是青少年的审美新需求。移动审美教育与传统美育相较,是一种当代青少年喜闻乐见的形式,更能深入他们的心灵世界,其潜移默化的熏陶、引导效能是传统美育所无法比拟的。智能手机使最广大的受众群体随时随地地可以接收到高品质、大容量的审美教育,移动审美教育方式能够成为家庭美育、学校美育和社会美育的重要推进器。

第二,"寓教于乐"的审美方式。智能手机的应用为全新的数字化娱乐时代揭开了序幕,手机作为现代人重要的娱乐、休闲、审美方式,人们可以获得审美的体验和愉悦感。美育的愉悦性是指在美育活动中,受教者常常处在一种喜悦的心理状态与精神状态,产生强烈的情感体验,获得极大的审美享受。这种愉悦性是感染人、启发人、吸引人去参与审美、参与美育的重要因素。① 孔子说:"知之者不如好之者,好之者不如乐之者"(《论语·雍也》),人们只有"好之"才会"乐之",才能够达到潜移默化塑造心灵的目的。正因为手机可以让人在喜悦的心理状态与精神状态下,产生强烈的情感体验,获得极大的审美享受,手机才能够以"寓教于乐"的方式"润物细无声"地使受教者在移动美育活动中得到美的享受,得到情感的感染和陶冶,或者悦耳悦目,或者悦心悦意,或者悦志悦神,"寓教于乐""以情动人"是移动美育的显著特征。

第三,互动交流的美育新模式。智能手机可以进行随时随地的互动式沟通,手机即时沟通的媒介功能具有即时性、匿名性、间接性等特性,可以让拥有相似审美趣味的人聚到一起,展开交流,从而缩小人与人之间的空间距离和心理距离。这样的交流,淡化了施教者和受教者的身份、地位区别,可以在特定的情感氛围中去引发、渲染和打动人,充分的互动和及时的反馈使传授双方更容易实现开诚布公、畅所欲言。与传统美育模式中施教者居高临下、单边传授的教化方式不同,移动审美教育在自由、平等、坦诚的情感交流中得到净化与升华,自始至终体现着相互交往、及时对话的民主精神,受教育者的接受心态更加积极、主动和自觉,美育对象可以以更轻松、更自由,更具有审美主体性的方式去感受美、认识美、发现美,智能手机能够调动人的各种心理功能,使人们全身心地投入美育活动之中,使人们更加方便地参与审美活动、艺术实践,培养审美能力、审美趣味,实现随时随地的生活美育。

第四,多元、开放的美育新途径。移动美育使审美教育从平面走向立体,从静态变为动态,从现时空趋向超时空。移动美育要培养出的不是整齐划一、高度抽象化的完人,而是具备丰富个性化色彩、多元主体性、拥有开放心胸的现代人,以促成现代人审美生成的多样性与复杂性。移动审美教育是以人为本的现代性美育途径,在多元、开放的美育氛围中培养人的情感,以智能手机为手段唤起人最真挚的自由表达,使人获得情感的超越与解放,建构高尚、现代的人的精神,这是时代的需求,也是人类自身进一步自由发展的必然选择。

---

① 方册:《论审美教育的愉悦性》,《思想政治课教学》2004年第2期。

当手机成为我们最重要的媒介工具与生活伴侣的时候，甚至当我们突然发现自己与手机已经须臾不可分离的时候，手机已经开始制约着我们的思考方式、话语方式，甚至是生活模式。因此，手机也许不是我们的奴隶，而似乎是我们愈发无法离弃的伴侣、宠物，甚至我们反而是被手机无形控制着的奴隶。① 不想"坐以待毙"成为手机的奴隶，就要综合培养我们的审美素养与媒介素养，树立起对于人与手机关系的正确态度，优化手机媒介生态环境，打造优秀手机审美文化产品，合理开发与利用手机这个技术平台对现代人施行"移动美育"，在不断熏陶中，让人成为更加注重审美趣味、审美格调和审美理想的人，唯其如此，才能够真正让人们受益于技术进步所带来的积极影响。

三　移动审美教育策略与方法

智能手机作为新的文化媒介，如何开发与利用其强大的审美生产与审美传播能力，让其审美内容和审美价值转化为有效的美育资源？如何充分发挥手机的媒介特性与功能，借助新技术、新媒介去提升现代人审美欣赏、审美创造、审美表现的水准与品质？如何打造出优秀的手机审美文化产品，构建移动美育的框架体系等，是实施和普及移动审美教育必须解决的问题。大力开发与普及移动审美教育，需要从如下方面着眼。

（一）打造优秀手机审美文化产品

美国学者斯坦博克认为："过去，技术的发展驱动移动的发展。随着渗透率的提高，使用变成了动力。将来，移动的内容将成为发展的动力。"② 毫无疑问，21世纪最具前途的产业就是文化产业和信息产业，把这二者结合起来是时代的需求，也是一种社会发展的内在要求。手机创意产业就是文化产业和信息产业相结合的产业，是当前国家文化产业发展重点培育的方面。手机内容产业的发展将会促使"移动审美"更加精

---

① 王黑特、石雪影：《手机与人的关系》，《现代传播》2010年第8期。
② ［美］丹·斯坦博克：《移动革命》，岳蕾等译，电子工业出版社2006年版，前言。

彩和丰富，移动审美教育需要大量优秀的、精彩的、审美化的手机文化内容不断去满足人们日益增长的精神文化需求，以手机为载体推动文化与科技创新，创生出更加个性化，富于想象力、创造力和表现力的现代文化产品，产生出积极的社会效益，满足人们差异化的审美需求，从而实现自身的价值。

在世界的各个地区，似乎都有一个共同的倾向：重物质，轻精神；重经济，轻文化……无论是发达国家或是发展中国家，都面临着一种危机和隐患：物质的、技术的、功利的追求在社会生活中占据了压倒一切的统治的地位，而精神的生活和精神的追求则被忽视、被冷淡、被挤压、被驱赶。[①] 随着3G、4G技术的日益成熟以及智能手机的逐渐普及，智能手机已经大大超出手机原有的概念意义，多媒体功能无比强大，审美功能超越其他的媒介工具，成为伴随我们一起生活的"第四块屏幕"与"第五媒体"，手机上网越来越快捷，移动互联网市场规模迅速扩大，手机电视、手机电影、手机文学、手机音乐等形式汲取并融合优秀的中华民族文化资源与整个人类的文化资源，提供出审美欣赏、审美表现、审美创造的新方式和新舞台，其独具特色的审美功能和服务，可以让人们随时随地于方寸之间实现完美的审美体验。毫无疑问，智能手机在现代人的审美生活中所扮演的角色已经越来越重要，人们使用手机所表现出的审美需求也越发地迫切，正如未来学家约翰·奈斯比特在《大趋势》中所言：我们必须学会把技术的、物质的奇迹和人性的、精神的需要平衡起来。在高科技、数字化时代，发展文化产业，用更丰富的精神文化产品来满足人们不断提高的精神需求和文化需求。

本书第三章现状调研通过"智能手机移动审美行为方式"问卷调查得出了如下结论：

1. 智能手机在人们的审美生活中扮演越来越重要的角色，使用之初可以带来强烈的审美新鲜感和体验感，但3G时代"内容为王"，手机内容产业的开发还远远没有跟上人们审美需求的步伐，碎片化、平面化的内容随着时间的推移让人们逐渐产生了审美疲劳，随着使用时间的延长，

[①] 叶朗：《美学原理》，北京大学出版社2009年版，第426页。

手机的审美功能开始下降,但人们对于使用手机来实现自己审美理想的要求在18—24个月达到最高峰,说明随着时间延长人们对手机审美内容开发产生出强烈的需求和渴望。智能手机的实用功能随着时间的推移在24个月以上达到高峰。所以,3G时代"内容为王",必须大力发展和规范手机文化内容产业,满足人们日益提高的审美需求。

2. 女性使用智能手机对手机的审美需求大于实用需求,而男性则相反,实用需求大于审美需求。所以在智能手机创意产业开发上应该增加对男性有吸引力的审美内容,同时注重开发女性题材的内容来满足女性的审美需求。

过去,语音推动移动的发展。昨天,软件曾经是主要的推动力,但是作为移动的用户,我们无法不喜欢数字通信,我们被新的服务和五花八门的内容深深地吸引着。[①] 手机文化内容产业是文化创意产业的一个新领域,本质上手机文化产业是"移动"的文化创意产业。当前开发手机创意产业,很重要的一点便是要和社会整体需求相一致,要吻合大众审美需求,要有创新,这种创新要能够引导大众审美需求以及美学、文化学等学科的发展方向,跟社会的发展同步,甚至超前。根据第三章的现状调查,3G时代"内容为王",目前手机内容产业的开发还远远不能满足人们的精神文化需求,而且其文化产品的针对性也不强,不能满足不同受众群体的文化需求。在目前的手机创意产业发展中,我们应该大力发展内容产业,满足不同人群的审美需求。目前手机内容产业的发展现状与人们对手机创意产业的需求不相符合,3G时代应该是一个"内容为王"的时代,内容决定了手机创意产业的发展成败,不能通过简单克隆,将电视、报纸、电影等内容照搬上手机屏幕,而是应该根据手机媒体的相应特点进行内容的定制与针对性开发,如何让智能手机"屏幕"内容丰富起来,让"移动"的内容更加精彩,是实施移动审美教育亟须解决的问题。

移动美育的实施需要良好、和谐的有美感的文化情境,需要大量有助于人精神层面提升的手机审美文化产品,让人在得到审美享受的同时,

---

① [美]丹·斯坦博克:《移动革命》,岳蕾等译,电子工业出版社2006年版,前言。

也能得到道德的升华、精神的提升。彼得·科斯洛夫斯基说：今天文化产品的消费，主要目的不是一种日常性的生活消费，而是一种审美的生存，是一种"有教养的存在"。审视人类的现代化历程，科学与技术带来了社会巨大的变化，但人们也逐渐发现，科学与技术能给我们带来丰富的物质，却不一定可以提供审美及伦理导向的帮助，而审美对于促使我们生活得更充实，更有意义地去构建理想世界是十分必要的。中华民族有着丰富的文化资源，有不可复制的文化标签，拥有饱含生命力的民族文化艺术产品，这是数千年以来整个民族创造的精神财富，现代信息技术的发展使我们可以以手机为载体，把优秀的中华民族文化资源进行数字化、网络化、移动化，让手机这样一个技术平台承载更多优秀的、精彩的审美文化内容去熏陶人、感染人、陶冶人，让优秀的手机审美文化产品把人变得更丰富、更快乐而富于理想。只有不断打造出健康、积极的手机审美文化，丰富手机审美文化产品，才能够通过移动美育来提升人的精神世界，着力营造出一个可跟随我们一起生活的可移动的充满着美感的文化情境，最终才可能让手机这个终日陪伴我们的媒介技术工具能够随时随地将我们带入一种自由的、创造性的、象征化的审美情景与氛围之中。

（二）审美素养与媒介素养和谐发展

移动美育是运用智能手机开展的审美教育，与传统美育相比较而言这是一种崭新的美育方式，它追求的是人机（人与手机）的完美结合，必须构建起人与手机的良性互动关系。人与手机、人的创造性活动与手机之间是否取得一致性与默契感，手机的特性和手机的力量是否被充分展现出来，手机运行的基本规律是否得到充分的尊重，是在移动美育中实现人与手机、人的思想、行为与手机之间完美结合的关键要素。移动美育深入和广泛开展的前提和基础是不能仅仅将手机作为一种工具或手段方式来对待，而应该充分地理解与尊重手机，实现人机间良性互动，于是审美素养与媒介素养的提高就成为移动美育的重要内容与要素。

在第三章的现状调研中得出如下结论：以智能手机为平台，综合运用学校教育与社会教育，审美素养和媒介素养的培养和谐发展，可以让手机媒介为全民审美素质的提高服务。

媒介素养是一种教育，目的是增强人们理解和欣赏媒介内容的能力。1992年美国媒介素养研究中心给出了如下定义：媒介素养是指人们面对所传播的各种信息的选择能力、理解能力、质疑能力、评估能力、创造和制作能力以及思辨的反应能力。[①] 媒介素养包括对媒介的批判能力、媒体知识、媒介使用能力和媒介创作能力等四种基本的能力。对媒介的批判能力就是可以对媒介进行分析、判断和了解，可以对媒介行为进行反思和适当调整，对涉及媒体色情、暴力内容进行道德判断；媒介知识就是关于媒介和媒介系统的知识；媒介使用能力就是指运用媒介、操作媒介的能力；媒介创作能力是指媒体使用者对媒体内容进行技术处理或者内容增改的能力。

目前手机媒介充斥着大量色情的、暴力的、血腥的、冗长无味的、庸俗低级的快餐文化内容，平面化、无深度、游戏性、娱乐性、调控性等特征会误导受众的审美取向，手机中有些非审美的甚至是丑的内容，在不断侵蚀着人们，特别是青少年的思想，致使他们"美""丑"不分，审美沦落为审丑。周伟业在《网络美育——艺术教育的媒介视角》一书中认为："网络审美的感性化代表的是一种畸形的美学。尽管在美的含义里边包括感性的因素，但是我们并不认为饕餮之徒口腹之欲的快感是'审美的'，只有感性的精神化、它的提炼和高尚化才属于审美。唯有将'感知'的因素与'升华'因素并举，才能构成'审美'一词的完整语义。"[②] 我国大众目前媒介素养普遍不高，缺乏独立的信息分析判断能力，习惯于被动接受媒介提供的一切。媒介素养的提高，将意味着在使用手机进行传播活动与审美活动的过程中，对信息的鉴别、鉴赏能力在提高，意味着合理运用与使用手机去采集、收纳信息的能力在提高，意味着大众对手机媒体的实用与审美功能的要求也在不断提高。在目前的审美教育工作实践中，不少承担美育重任的工作者对网际生活了解甚少，在网络技术操作上远远落后于年轻一代，客观上使得当代美育工作者在应对

[①] 蔡帼芬等：《全球化视野中的国际传播》，五洲出版社2003年版，第374页。
[②] 周伟业：《网络美育——艺术教育的媒介视角》，南京出版社2009年版，第170页。

网络生活问题时有些力不从心,网络美育形势不容乐观。① 与传统美育相比,移动美育的便捷性、丰富性、多媒体性应该带来一种随时随地的审美教育方式,这是美育方式的简单化而不是相反,所以在美育工作者中加强手机媒介素养与能力培养已成为一个迫切需要解决的问题。

今天,媒介文化对精神生活的影响是基础性和本质性的,它影响并在一定程度上重构了当代人的真实观、伦理观、审美观,进而深入到当代人的信仰领域,影响当代人精神家园的建构。② 手机审美文化作为手机文化的重要方面对当代人发挥着巨大的影响力,移动审美教育就是用健康的、优秀的手机审美文化产品去感染人、熏陶人,帮助手机用户形成认识美、评价美、感觉美、鉴赏美、享受美、表达美、创造美等意识和能力,培养高尚情操、愉悦精神、美化心灵和启迪智慧。通过移动审美教育增强人们对美的接收和欣赏的能力,又可以转化为对审美文化的鉴别能力和创造能力,提高大众的审美素养是移动审美教育的最重要的目的与任务。

移动美育应该是审美素养与媒介素养和谐发展的教育,只有提升了大众的手机媒介素养,才能够合理、恰当地开展移动审美教育,从而促进全民审美素养的提高。只有审美素养与媒介素养和谐发展的培育模式,才能够在手机开辟的审美新空间里,引导人们采取海德格尔式的既"是"又"不"、既"接受"又"拒绝"、既"肯定"又"否定"的态度,拒绝非此即彼的对立逻辑,尽量规避智能手机对于人们,尤其是青少年的负面影响,防止青少年变成"媚俗艺术人"。只有加大力度进行审美素养与媒介素养和谐发展的培育,才能够培养人们在虚拟世界之中一分为二地看待问题并解决问题的能力,树立他们的"审美眼光"与"批判思维",唯其如此,才能够实现审美自觉,营造审美化的生存理念和生活方式,也只有如此,移动审美教育才会成为我们每一个人的"移动的精神家园"。

---

① 秦凤珍、何志钧:《数字时代的网络美育》,《人民日报》2012年1月20日。
② 李勇:《媒介时代的审美问题研究》,河南人民出版社2009年版,第46页。

(三) 构建移动"大美育"体系

马克思认为:"美是人的本质力量的对象化。"审美教育是对人进行审美的教育,是在审美的过程中,主体不断探寻自己的本质力量的过程,在这样的过程中主体获得一种最高层次的满足感。正如马斯洛所言:"审美是一种高级需要,美在自我实现者身上得到最充分的体现。"[①] 美育从更深层的意义上讲,不应该只是通常称谓上的审美教育,它关注人的审美能力的形成,培养人对各种美和各种艺术的领悟和感受能力,通过审美活动让人产生美感体验,美育是对人的整体性教育,它是综合性的育人活动,它关注人的整体素质的提高,既提高审美能力,陶冶道德情操,也开启心智之门,是提升人的整体素质和促进个性自由全面发展的素质教育,是珍视人的生命质量和提高人生价值的生命教育。因此,美育最具教育本义,是完整意义上的人的教育,是让人不断去探寻自己本质力量的教育。

关于实施美育的途径,中国近代教育家、美学家蔡元培先生指出包括三大方面,即家庭教育、学校教育和社会教育,这三者又是相互联系、相互促进的。[②]"其中学校美育最具典范性。这不仅是因为学校是专门培养人的地方,还因为学校美育有明确的教育目的和稳定的施教与受教的关系。当然,单有学校美育是不能造就受教者完善人格和和谐心灵的,而需要社会美育和家庭美育的积极配合。社会美育、家庭美育和学校美育是一种相互结合、共同作用的关系。"[③] 在这三个方面中,家庭审美教育的效果受限于家庭成员尤其是长辈的审美能力与审美修养水平,所以家庭教育的效果往往是有限的。学校美育虽然在美育对象的广度、深度和效果上都比家庭美育要好得多,但是其审美对象仅限于在校学生,无法满足广大群众对于审美教育的需求。社会美育能够最广泛地影响和引导全体社会成员,无论从数量、范围和长期的效果保证上,都是最强大

---

① [美] 马斯洛:《人的潜能和价值》,林方译,华夏出版社 1987 年版,第 16 页。
② 杨辛、甘霖:《美学原理新编》,北京大学出版社 1996 年版,第 400 页。
③ 程钧:《美学教程》,南京师范大学出版社 2006 年版,第 300 页。

的，但是目前的社会美育还缺乏强有力的引导机制和美育方式。只有各种机制与方式相互结合、共同作用，现代审美教育通过诸方面教育之间的相互渗透和"化合"，才能够达成最优化的美育效果。

智能手机时代的移动美育，就是通过科技与整个文化环境形成互动，虚拟网络与社会现实得以相互生成。人们既是欣赏者，也是创作者，他们像艺术家创作艺术那样去塑造自己的生活，而且在生活当中对自己进行了审美教育。人们越来越接近审美教育的终极目标：那就是实现大众的"审美人权"，进而将人人都塑造成生活的艺术家。审美作为一种权利，其实现一方面取决于作品本身的审美价值，另一方面取决于公众的审美体验水平，通过审美创造与公众之间的良性循环，才能逐渐累积成为社会的"审美财富"，从而为广大的公众所共享。

智能手机时代的移动美育就是这样一种"大美育"，不囿于艺术教育，而是文化化的教育；不囿于小众教育，而是大众化的教育；不囿于他人教育，而是自我化的教育；不囿于校园教育，而是终身化的教育。

手机是目前普及面广、影响力大的新兴媒体，可以充分发挥其传播优势和媒介功能，使其成为整合家庭教育、学校教育和社会教育的"大美育"工具，构建多层次、多方面、全方位的移动美育格局，让移动审美教育成为影响力最大、覆盖面最广、穿透力最强的现代美育方式。

1. 移动美育在家庭教育中的运用

家庭美育就是父母对孩子进行的审美教育，家庭可以说是美育的基础，学校美育、社会美育都与家庭美育密切关联、相互影响。在家庭美育之中主要就是家长用各种美的形象、美的事物来感染和影响孩子，利用家庭生活中的每一个哪怕是很细小的环节去引导孩子形成正确的审美意识，培养他们鉴赏美、创造美的能力。家庭是美育的摇篮，父母是孩子所接触的第一个群体，因此，家庭美育对一个人的成长来说，对其审美情感的形成、审美趣味的养成影响最早。一般情况下，一个人一生之中，生活在家庭中的时间最长，家庭成员良好的审美修养，家庭当中浓郁的审美氛围，不仅是对孩子，而且对所有家庭成员审美情感的培育、审美能力的养成、审美素养的提高都具有重要的作用与价值。

蔡元培曾说："美育者，应用美学之理论于教育，以陶养感情为目的者也。"美育是对人进行情感的涤净与升华,情感是家庭构成的核心要素,家庭美育可以充分利用家庭中所固有的情感要素对孩子施加最为深刻的情感教育,促进孩子成长得更加完善、和谐。另外家庭美育是以个体作为对象的,可以做到因人而异,因材施教,美育的方式和方法是更具针对性和技巧性的。智能手机作为精细、小巧的现代信息技术工具,具备强大的媒介审美功能和个性化、私人化的媒介特征,可以充分发挥其在家庭美育中的作用和功能,以智能手机为技术平台,开辟家庭美育的新途径和新形式,让家庭生活之中随时都可以营造出美的氛围。移动美育可以充分利用现代传媒手段把最优秀、最经典的艺术作品,包括各种经典的音乐、舞蹈、绘画、戏曲、影视等艺术作品,甚至包括中国传统的书法艺术、京剧艺术、昆曲以及陶艺、剪纸、蜡染、刺绣等非物质文化遗产艺术,作为审美教育的内容,凭借智能手机强大的审美功能来进行随时随地的美感养成教育。

移动审美教育以先进的智能手机技术平台来调动和唤起孩子们对美的强烈兴趣和感受,家长可以发挥智能手机的审美功能,把其打造成为家庭美育中美感培养的动力系统,充分展现出美的独有魅力和感染力,在强烈的情感体验中让孩子得到"精神的满足和升华"与"心灵的净化",从而有效地作用于孩子的内心世界,促进孩子的健康成长。同时,家长作为移动美育的施教者,为了达成良好的教育效果,也必须不断地学习提高,在这样一个过程中逐渐被优秀的手机审美文化产品感染和熏陶,不知不觉之中家长自身的审美素养、审美能力也获得了提升。可以这么说,移动美育在家庭教育中的开展,不仅仅是对孩子,而且对整个家庭成员审美素养的提升都起到了良好的促进作用。

美育可以说是在追求真善美和谐统一基础上的人格教育,人格是指人的精神面貌具有审美特征,达到了美学的境界,表现出和谐、个性、自由、超越和创造等基本特征。[①] 家庭是社会的最小细胞,是社会美和审美最小的组织单位;家庭审美化人格教育,是人格教育最初最重要的基

---

① 何齐宗:《审美人格教育论》,人民教育出版社2004年版,第44页。

石,也是人格教育于潜移默化之中最天然的场所。① 只有在精神愉悦、情感澎湃的审美感受之中进行人格教育,受教育者才能深刻领略、经久不忘。所以手机技术平台也有助于在家庭美育中建构孩子们的审美化人格,能够发挥独有的功效。

美学宗师宗白华先生说过:"世界是美的,生活是美的。它和真和善是人类社会努力的目标。"在家庭美育中合理利用智能手机可以帮助孩子找寻美、感受美、创造美,通过移动美育达成道德规范与行为准则的内心认同,让家庭成员达成较高的审美境界,使孩子成长为情趣高雅、情操高尚的人。家庭是社会的细胞,是社会最基本的组织形式,只要每个家庭都重视并积极开展移动审美教育,把每个家庭成员都培育成为充满理想,品格高尚的新人,成为拥有良好审美素养的优秀公民,就可以从根本上提升整个民族的精神素质,进而极大地推动社会生产力的发展,促进整个社会的稳定和和谐发展,所以把移动美育渗透进家庭教育之中是这样一个信息时代审美教育的必然选择。

2. 移动美育在学校教育中的运用

学校美育指通过学校的途径对青少年实施的美育。学校教育是实施美育的主要场所和阵地。在普及中小学教育中,不仅音乐、美术、语文直接与美育相关,而且地理、历史甚至自然科学等课程也都与美育相关……②美育作为学校教育的重要组成部分,对培养全面发展的人具有重要意义。

学校美育与家庭美育、社会美育相比,具备显著的特征。学校美育是有目的、有组织、有计划地实施的美育活动;学校美育的每一项审美实践活动,都遵守循序渐进的原则,保证了美育过程的连贯性、完整性和系统性;学校美育培养学生树立良好的审美理想和掌握正确的审美标准,使学生能够拥有审美的眼光去发现美、感受美并创造美,形成正确的审美价值观,科学性是学校美育的基本特征;学校具有集中的审美教育环境,是专门培养人才的场所,能够为学生提供更多的接受审美教育

---

① 赵伶俐:《人格与审美》,安徽教育出版社 2009 年版,第 309—310 页。
② 杨辛、甘霖:《美学原理新编》,北京大学出版社 1996 年版,第 400 页。

的机会。学校美育是让学生在审美和立美的校园生活中获得人性的解放和个性的自由，实现对主体的解放和自由精神的弘扬，所以学校美育应该是百花齐放、色彩缤纷的审美教育。

在本书第三章现状调研中通过"智能手机移动审美行为方式"问卷调查得出了如下结论：

第一，高中生在智能手机审美功能得分上比大学生和研究生低，但高中生的审美理想却高于实用理想；高中生审美表现行为最高，审美创造行为最低；研究生审美创造行为最高，审美表现行为最低。说明我们对高中生的审美素养和媒介素养的教育还需要加强，手机内容与功能的开发还没有满足高中生比较强烈的审美需求。

第二，教师在实用功能上的得分显著低于专业人员和非专业人员的得分，但是教师在审美功能上的得分显著高于专业人员和非专业人员的得分。在审美理想和实用理想上，教师与学生的得分差异显著，教师在实用理想上的得分显著低于学生的得分，但是教师在审美理想上的得分显著高于学生的得分。学生审美表现行为最高，审美创造行为最低；教师审美创造行为最高，审美表现行为最低。

根据上述实证调查结论，我们发现了以下几对看似矛盾的现象：（1）高中生群体在使用智能手机上的审美需求大于实用需求（审美理想大于实用理想），但在智能手机审美功能的具体运用上却比大学生和研究生低，理想状态与现实表现之间存在差距。（2）高中生审美表现行为最高，审美创造行为最低；研究生审美创造行为最高，审美表现行为最低。说明审美素质与审美修养相对较低的高中生使用智能手机进行审美表现的行为却很高，但正由于审美素质与审美修养不足，他们的审美创造行为较低。而研究生审美素质与审美修养相对较高，所以他们的审美创造行为也最高，但也许是出于成熟和内敛的原因，他们的审美表现行为最低。（3）教师在智能手机审美功能的使用上显著高于其他职业的人士，但在实用功能的使用上却显著低于其他职业的人士。证明教师群体的审美素养较高，对审美的需求也较高，但教师在如何正确运用手机上面的媒介素养还显得不足。（4）教师在对智能手机实用功能的需求上（实用理想上）的得分显著低于学生的得分，但是教师在对审美功能的需求上

(审美理想上)的得分却显著高于学生得分。证明教师的审美素质和审美修养高于学生,希望通过智能手机获得审美体验与享受,但他们对手机的美育功能还认识不足,对于手机的运用能力也显得不足。(5)学生由于审美能力不足,审美创造行为还欠缺,但审美表现的要求与愿望很高;教师的审美创造能力较强,但却缺少利用智能手机为平台进行审美表现,进而加强美育环节与学生的交流与互动的意识和要求。

根据以上的实证调查结果,我们认为,在学校教育中积极开展移动美育有如下的工作需要完成和解决:(1)在高中教育阶段,要加强学生的审美教育,培养和提高学生感受美的能力,使之更加敏感、细腻,更加丰富。培养他们在生活中发现美、感受美、创造美的能力,提高他们的综合性审美素养与审美能力。(2)在大学美育阶段继续强化学生(大学生、研究生)的审美教育,培养和提高大学生、研究生表现美、创造美的能力。鼓励他们将自己对美的感悟和理解用不同的方式(手机微博、手机视频、手机文学等)表现出来。发现美并能够创造美对于大学生提升审美能力十分重要,美的创造过程本身就是充满了个性和创造性的活动,通过移动美育增加他们凭借智能手机展开的审美创造行为,对于大学生加强对美的理解,促进个性化良性发展和创造力的不断提高具有积极意义。(3)提高教师对于手机美育功能的认识,增强教师的手机媒介素养,强化教师有计划、有目的地开展移动美育的意识。利用智能手机有针对性地开展移动美育,适应当代学生对于审美教育形式与手段的新的需求,提高学校美育的质量,培养全面发展的新人,教师应该树立起移动审美教育的"大美育"观,在进行感受美、鉴赏美、创造美的能力的培养时,也把培养高尚的人生趣味和理想的人生境界作为移动美育的目标。

在学校教育环节开展移动审美教育,和传统的学校美育相比较,它更具有直接性、切身性和随时随地性,需要从以下几个方面入手:第一,尊重美育的特点和规律。移动美育是通过智能手机来开展的审美教育,移动美育的目的是不断提高学生的观察力、想象力、思维力以及创造力,加深他们对社会和人类心灵的认识,进而促进其智力与情操的全面发展,所以美感培育同样是移动审美教育的重点内容。首先,通过智能手机培育学生拥有美的眼光，帮助学生感知美的对象。美是直指心灵的，有助于调动人的潜能，有助于形成学生的良性循环发展。例如可以通过智能手机去引导学生欣赏张大千的国画，了解张大千以及他生活的时代，了解国画的有关知识，包括流派和技巧等，让学生切实感受到艺术作品的美，靠美的活力、美的魅力去打动学生，激发学生、唤起学生的美的兴趣和美感愉悦，从而增强对美的感受能力。其次，利用智能手机培养和发展学生对于美的观察力、感悟力、理解力和想象力。正如马克思说的那样："对于不辨音律的耳朵说来，最美的音乐也毫无意义，音乐对他来说不是对象。"用智能手机强大的媒介审美功能培养和发展学生的观察力、感悟力、理解力，特别是想象力及创造性思维的能力，使学生获得欣赏美、追求美、创造美的意识与能力。最后，用"寓教于乐"的方式促使学生倾心赏美，乐心受教。移动美育在学校的各种教育环节中应该是最具吸引力、凝聚力，最为学生喜闻乐见的教育，因而也是最能达到乐教乐学的最高教育境界的教育。学生在虚拟化的数字娱乐之中潜移默化地接受美的感染和熏陶，"这种虚拟的情感体验与现实生命体验和情感历程有着同样的心理真实性。从这个意义上说，数字娱乐就是一种对生命的创造，人们在进行娱乐、与文本进行对话的同时也就是对自己生命意义的填补或者增值"[①]。网络化、数字化、移动化的美育新方式，可以促进美育效果的最大化。第二，要根据学生的特点，有计划、有步骤、有系统地实施移动美育。以智能手机为技术平台可以打造移动课堂，将"美"在美育课程内容中阐释得淋漓尽致，让学生在智能手机中"主动探究美"，"情感体验美"，"交往对话美"。移动美育再也不是传统的教师单向灌输的教育，不是整齐划一、呆板凝滞的教育，它是个性化、开放性、自由性的美育手段，是利用手机对学生进行人格培育和心灵建设的审美教育新方式。第三，要把移动美育融入整个学校教育活动之中，为实施多层次、多渠道、多功能的学校美育服务。蔡元培曾说："美育的基础应在学校。"要充分利用手机开展积极的艺术熏陶和审美教育活动，移

---

① 李思屈、关萍萍：《论数字娱乐产业的审美经济特征》，《杭州师范学院学报》（社科版）2007年第5期。

动美育是自由性、超越性、情感性、趣味性和游戏性的美育形式,移动美育可以把审美教育落实到课堂之中与课堂之外。

3. 移动美育在社会教育中的运用

社会美育指通过整个社会美的环境和气氛营造对全体社会成员进行的审美教育。社会美育实施的范围很广,包括家庭、学校之外的所有社会领域。[①] 家庭美育、学校美育和社会美育相辅相成、相互促进,犹如一鼎三足,缺一不可,只有三者齐备,才能形成一个完整的美育体系。叶朗认为:"美育也不能局限于学校的范围,它应该渗透在社会生活的各个方面。全社会都要注重美育,特别是要注重营造一个优良、健康的社会文化环境。"[②] 在这样的环境中,广大的受教者耳濡目染、潜移默化受到美的感染和熏陶,对人的审美素养的形成和发展产生积极而深远的影响。

人是社会动物,生活于社会之中,伴随着工业文明和快节奏的现代生活,人们受机械化的工业流程影响容易形成机械化的思维方式,甚至是冷漠与僵化的情感,在审美活动中,人受到扭曲的天性得到了全面恢复,个体的特殊性得到了充分肯定,因此黑格尔说"审美带有令人解放的性质",马克思也提出审美活动导致人的全面发展。审美活动是充分个性化的创造,特别是艺术活动更体现了独特的个性,每个人都创造了最独特的作品,也创造了最独特的自我。[③] 人是社会的人,一个人走出学校,走向社会,激烈的社会竞争使现代人的生活更加紧张,功利心和竞争心常常使人处于焦虑和失望之中,正如林语堂所言:"教人爱美并不是靠书本,而是靠社会的榜样作用,是靠生活在趣味高雅的社会里。"[④] 经常的、高效的社会美育就越发显得迫切。

审美作为一种精神动机之所以被人类所看重,就在于审美是人类一切活动中最具有个人性的活动,审美的最重要的特性之一就是对个人创

[①] 程钧:《美学教程》,南京师范大学出版社2006年版,第300页。
[②] 叶朗:《美学原理》,北京大学出版社2009年版,第417页。
[③] 杨春时:《美学》,高等教育出版社2004年版,第43页。
[④] 转引自周伟业《网络美育——艺术教育的媒介视角》,南京出版社2009年版,第184页。

造力的无条件的绝对肯定。美的最终根源在于人的自由创造。① 智能手机作为使用广泛的"第五媒体",拥有让手机用户可以个性化任意进行审美创造的强大媒介功能,在这样一个"网络化生存"时代里它必然应该担负起社会美育的责任和担子,其强大的审美功能和高度的普及率,智能手机为人们的审美活动开辟出崭新的自由空间,丰富和完善着人的精神世界,让现今人们的审美行为,无论是审美欣赏行为,还是审美表现行为、审美创造行为都更加多样、多彩,更加充满想象力和创造力,它为人们在社会生活中随时随地开展审美活动提供出新的契机。莱文森说:"手机是家园之外的家园,是移动的家园,互联网已然是媒介之媒介,手机则更胜一筹,它是移动之中的媒介之媒介,它把你从电脑边解放出来。"② 新媒介传播时代的教育形态也悄然发生了变化,审美教育活动的使命在新的教育形态下必然进行重新阐释与定位。现代信息技术愈加渗透到社会生活的方方面面,导致大众传播、文化教育等多个领域的革新,人不能离开社会,也就无时无刻不在接受社会的感染与教育,以智能手机为载体的移动美育方式必将成为我们这个时代,以及未来社会审美教育的主要方式之一。

在本书第二章现状调研中通过"智能手机移动审美行为方式"问卷调查得出了如下结论:对不同年龄阶段智能手机使用人群来说,28—34 岁人员审美理想得分显著高于 22—28 岁人员,说明当前社会审美教育这一部分比较薄弱,导致 22—28 岁刚大学毕业或研究生毕业的群体更加追求现实的功利性、实用性,忽略了审美方面的精神满足。28—34 岁群体更加成熟,人生阅历和知识积累更加丰富,使用 3G 手机进行审美创造显著高于 22 岁以下群体,而 22 岁以下群体则更加注重审美表现,在审美表现方面显著高于 28—34 岁群体。可以看到,28—34 岁的青年群体在离开了学校美育环境后,对社会美育的需求和要求是很高的,对离开学校进入社会的青年群体进行审美教育,更应该采用移动美育这种他们喜闻乐

---

① 杨辛、甘霖:《美学原理新编》,北京大学出版社 1996 年版,第 19 页。
② [美]保罗·莱文森:《手机:挡不住的呼唤》,何道宽译,中国人民大学出版社 2004 年版,第 7 页。

见的方式。

智能手机是深受大众喜爱的、普及程度较高的一种媒介工具，特别是青少年，更是实现了几乎 24 小时的贴身跟随，合理、恰当地通过智能手机来开展社会审美教育，可以为全民族的审美素质提高服务。"如果说原来的美育主要是通过学校教育等途径加以施行，那么，当下的大众传媒则是扮演着远比学校教育更为有效、更为普遍的角色。"[①] 大众传播工具在当今社会美育中扮演了重要的角色和功能，移动美育可以涵盖不同的年龄和职业，关注不同的群体，尤其是社会弱势群体，占中国人口多数的农民群体等（目前的智能手机价格低廉，甚至由运营商赠送，已经普及到了社会各个群体）。移动美育在方法上更加强调在充满乐趣的审美体验中潜移默化地去提升大众的审美素养，在实施的广度上可以突破学校美育所具有的局限性，深度上可以开辟出专业化、小众化的，有针对性的审美教育，移动美育积极拓展和建立全方位的社会美育渠道，让审美教育渗透到所有人的生活之中。

让智能手机成为家庭美育、学校美育和社会美育的重要工具和推手，充分发挥智能手机强大的媒介审美功能和作用，把移动美育渗透进家庭教育、学校教育和社会教育之中，在随时随地的移动美育氛围之中，促使现代人审美地生存，以美化人，以美育人，让"普通人"化成"文明人"，"单面人"化成"全面人"，"自然人"化成"文化人"，使我们由现实的、物质的生存跨越到"诗意的栖居"。

莎士比亚在《哈姆雷特》中激情满怀地这样赞美人类："人类是一件多么了不起的杰作！多么高贵的理性，多么伟大的力量！多么文雅的举动，多么优美的仪表！在行为上，多么像一个天使；在智慧上，多么像一个天神！宇宙的精华！万物的灵长！"为了使我们人类更加的美好，每一个人都应该有一个审美的人生，在美的世界遨游，体验美化的人生，领悟美的规律，让我们创建起信息时代崭新的移动审美教育的"大美育"体系，使每一个人都拥有"移动的精神家园"，我们的人生将更美好，世界也将更美好。

---

① 张晶：《大众传媒在国家美育工程中的社会担当》，《现代传播》2010 年第 7 期。

结　　语

　　接触和使用媒介是人与社会交往的重要方式，媒介的发展演进对人类审美方式与审美文化起着十分重要的推动作用和积极的建构作用，人类文明的进步同传播媒介紧密相连。当今这个信息社会，新媒介、新新媒介不断出现，推动现代社会的急遽转型，文化形态的不断嬗变，人们的审美意识、审美观念、审美理想也随之发生了意想不到的变化。

　　手机，原本只是一种可以随着人体移动的通信工具，又称为移动电话。在今天，3G、4G逐渐从一个陌生的词汇变得耳熟能详，手机与移动互联网的结合使其成为一个重要的大众传播媒体——"第五媒体"，从3G时代开始，手机不再仅仅是一个通信工具，丰富的语音、移动互联网、信息、多媒体、娱乐等各种各样的业务形式展现在人们的面前，手机阅读、手机视频、手机微博、微信、手机音乐、手机游戏、手机上网……小小的手机就像一张大大的网，网住了我们的整个生活。美国媒介学家保罗·莱文森说："手机使我们能够沐浴在阳光下边走边说，使我们能够在雨水中一边走一边和另外一个大陆的人通话。虽然我们想关机时就可以关机，然而手机的铃声总是抵挡不住的呼唤，手机对生活和文化的改变也是难以抗拒的。"[①]

　　审美是心灵的自由活动，它随着人的情欲和想象力，去进行自由地创造，是人的生命的全部启动和自由迸发，审美可以冲破人类一切心灵的束缚，是人性的全面展开。智能手机时代是现代信息技术与人的审美

---

① ［美］保罗·莱文森：《手机：挡不住的呼唤》，何道宽译，中国人民大学出版社2004年版，第3页。

能力（审美欣赏能力、审美表现能力、审美创造能力）交互作用日益明显的时代，手机为我们这个时代提供了丰富的审美内容，打造了新的审美载体并带来新的移动审美方式，极大地改变了我们的生活方式、思维方式和审美观念，手机为人与对象世界的实践关系向更为广阔的审美关系过渡创造了条件。科学技术与人、科学技术与艺术审美创造通过手机高度结合与统一在一起，手机本身就已经成为人的本质、美的本质的组成部分和表现方式。最初的传播媒介实用功能是其主要属性，随着媒介"人性化"发展的趋势凸显，传播媒介的审美功能逐渐超越了实用功能，"人性化"发展趋势也同时成为"审美化"发展趋势。理性的技术与感性的审美不再是矛盾对立的两极，乔布斯最高明的地方就在于，他把手机做成了一件饱含情感、打动人心的艺术作品，iPhone系列手机集感性、设计、玩乐与人性化于一身，不断创新与革命，从而使人们对苹果的产品产生了一种期待。所以，当代审美越来越离不开科学技术的内在支撑，科学技术也越来越具有审美品位。人们的生活也因此充满了前所未有的美感和创造感。[①]

科技进步推动经济、文化的全球化，我们已经悄然步入一个崭新的大美学时代，生活审美化与审美的生活化，经济、政治、科技、文化一切的社会现象从未像现在一样与审美联系得如此之紧密，美学也呈现出顽强的生命力，它的辐射力、统摄力、渗透力是如此之大，研究这个审美的时代并推动这个时代的发展成为当今社会科学工作者的使命与责任。作为新媒介的手机不仅仅是新的技术媒介，还是一种新的文化媒介，它给今天人们的审美生活带来了什么样的变化，我们应该如何去认识手机带来的移动审美方式这一影响日益广阔和深远的审美新现象、新问题，这一切都需要进行系统的整理才可以得到清晰的解释。这是一个现实针对性强，理论难度大，具有研究的复杂性，涉及美学、传播学、信息学、心理学、文化学、教育学等多个学科领域，需要采用跨学科的理论视野和实证研究方法的新课题，三年的博士学习阶段对于该项研究只能算是一个起点，对"移动审美方式"的跨学科综合性研究还需要进一步强化，

[①] 赵伶俐、汪宏：《中国公民审美心理实证研究》，北京大学出版社2010年版，第29页。

"移动审美教育"的理论与实践体系还需要继续完善,留下的缺憾和不足还需要在今后的研究中加以弥补,我相信随着该项研究的继续推进,对于移动审美方式的研究"也因此必将成为和正在成为研究社会发展和人的发展的最生动而深刻的学问与事业"[1]。

---

[1] 赵伶俐:《改革开放30年服饰演变进程——透视中国人物质与精神进步》,《理论与改革》2009年第3期。

附 录 一

3G 智能手机移动审美方式调查问卷

性别：_____ 年龄：_____ 职业：_____ 学历：_____

尊敬的朋友：

您好！本问卷想了解一下 3G 智能手机给您带来的精神生活感受和行为上的变化。谢谢您的认真填写和支持！

一、下列题目每题有 6 个预选答案，请根据自己的实际情况选择 1 个（且只选 1 个）

1. 请问您使用 3G 智能手机的时间有多久了：

   A. 1—3 个月   B. 3—6 个月   C. 6—12 个月

   D. 12—18 个月   E. 18—24 个月   F. 24 个月以上

2. 如果要剥夺您身边的一切媒介工具而您只能够保留一件，您的选择是：

   A. 书籍   B. 广播   C. 电视

   D. 固定电话   E. 电脑   F. 3G 手机

二、下列题目每题有 6 个预选答案，请根据自己的实际情况选择 2 个（且必选 2 个）

1. 3G 智能手机和您以前使用的通信工具比较起来，您觉得最大的变化是：

   A. 界面更吸引人   B. 通信质量更佳

C. 移动上网获得丰富体验　　　D. 功能更加强大

E. 具有的便携、随身、可移动的特点

F. 更加交互化、个性化、多媒体化

2.3G 智能手机带给您精神生活感受上的变化是：

A. 手机仿佛自己的感官在感知世界　　B. 一旦拥有别无所求

C. 新潮，不落伍　　　　　　　　　　D. 生活更加充实：

E. 更为浮躁和外露　　　　　　　　　F. 带入另一个虚拟世界之中

3.3G 智能手机改变了传统的审美方式，带来的新方式是：

A. 移动中可以任凭自由兴趣来创造　　B. 即时发表、回复、评论微博

C. 移动视频和多媒体的交流方式

D. 随时随地表达自己和张扬个性

E. 随时随地发送和接受信息

F. 手机软件成为个性化感知世界的方式和个性化创造的工具

4. 利用 3G 智能手机进行欣赏活动的优势是：

A. 第一时间接收到审美信息　　　　　B. 跨域在线交流情感

C. 远触审美对象，拥有移动的审美空间

D. 提供了海量的审美内容与空间

E. 更频繁地进入到审美情境中去　　　F. 在手掌上就可以欣赏

5. 使用 3G 智能手机后，您在行为方式上的变化是：

A. 将一切装入你的手机　　　　B. 参与和交流成为生活的重要部分

C. 自我表现欲更强烈，表现行为更多样

D. 会有意识地发现美并分享美

E. 开移动博客后更加在意提高博客内容的美感

F. 手机拍照、摄像更方便，传播更快捷

6. 您认为 3G 智能手机带给人们的是：

A. 满足了个性化和情感化的需求

B. 手机就是移动传媒，不受时空的限制

C. 手掌上的互联网

D. 实现人人都成为"艺术家"的梦想。

E. 手机是用户身份的反映和延伸　　　F. 娱乐无处不在

7. 3G 智能手机可以：

A. 满足精神的娱乐和享受　　B. 沉浸其中，忘却世俗规范

C. 逃避日常生活的烦恼　　　D. 社会压力的舒缓排解

E. 排遣无聊、忧愁、烦恼、孤单

F. 主动获得一种对现实的摆脱感

8. 您理想中的 3G 智能手机：

A. 成为人人媒体　　　　　　B. 使现实和虚拟生活紧密结合

C. 无限制的人人交流平台　　D. 实时实地满足个人化需求

E. 随时随地的精神滋养　　　F. 带来移动内容的革命

附录二

3G手机移动审美行为方式调查内容一览

一级维度	二级维度	项目	项目对应选项	项目提问	题号（备注：全部为六选二）	记分方式（每选一次计一分）
移动审美行为方式	审美欣赏行为方式	即时欣赏	第一时间接受到审美信息	利用3G智能手机进行欣赏活动的优势是	第4题	
		跨域欣赏	跨域在线交流情感	利用3G智能手机进行欣赏活动的优势是	第4题	
		远距离欣赏	远触审美对象，拥有移动的审美空间	利用3G智能手机进行欣赏活动的优势是	第4题	
		大容量欣赏	提供了海量的审美内容与空间	利用3G智能手机进行欣赏活动的优势是	第4题	
		情境欣赏	更频繁地进入到审美情境中去	利用3G智能手机进行欣赏活动的优势是	第4题	
		掌上欣赏	在手掌上就可以欣赏	利用3G智能手机进行欣赏活动的优势是	第4题	

续表

移动审美行为方式调查维度及项目

一级维度	二级维度	项目	项目对应选项	项目提问	题号（备注：全部为六选二）	记分方式（每选一次计一分）
移动审美行为方式	审美表现行为	即时表现	即时发表、回复、评论微博	3G智能手机改变了传统的审美方式，带来的新方式是	第3题	
		移动表现	移动视频和多媒体的交流方式	3G智能手机改变了传统的审美方式，带来的新方式是	第3题	
		个性化表现	随时随地表达自己和张扬个性	3G智能手机改变了传统的审美方式，带来的新方式是	第3题	
		大容量表现	将一切装入你的手机	使用3G智能手机后，您在行为方式上的变化是	第5题	
		多样化表现	自我表现欲更强烈，表现行为更多样	使用3G智能手机后，您在行为方式上的变化是	第5题	
		快捷表现	手机拍照、摄像更方便、传播更快捷	使用3G智能手机后，您在行为方式上的变化是	第5题	

续表

一级维度	二级维度	项目	项目对应选项	项目提问	题号（备注：全部为六选二）	记分方式（每选一次计一分）
移动审美行为方式	审美创造行为	任意创造	移动中可以任凭自由兴趣来创造	3G智能手机改变了传统的审美方式，带来的新方式是	第3题	
		随时随地创造	随时随地地发送和接受信息	3G智能手机改变了传统的审美方式，带来的新方式是	第3题	
		个性化创造	手机软件成为感知世界的方式和个性化创造的工具	3G智能手机改变了传统的审美方式，带来的新方式是	第3题	
		参与式创造	参与和交流成为生活的重要部分	使用3G智能手机后，您在行为方式上的变化是	第5题	
		分享式创造	会有意识地发现美并分享美	使用3G智能手机后，您在行为方式上的变化是	第5题	
		审美式创造	开移动博客后更加在意提高博客内容的美感	使用3G智能手机后，您在行为方式上的变化是	第5题	

注：1. 本项调查是由3G智能手机移动审美方式调查问卷中的第3、第4、第5题构成，其中一个一级维度，3个二级维度，18个项目。2. 问卷按预选答案项数为六选二。

参考文献

著作

[1] [德] 康德：《判断力批判》，邓晓芒译，人民出版社 2002 年版。

[2] [美] 丹·斯坦博克：《移动革命》，岳蕾等译，电子工业出版社 2006 年版。

[3] 叶朗：《现代美学体系》，北京大学出版社 1988 年版。

[4] 尹韵公：《中国新媒体发展报告 2010》，社会科学文献出版社 2010 年版。

[5] [德] 沃尔夫冈·韦尔施：《重构美学》，陆扬、张岩冰译，上海译文出版社 2006 年版。

[6] 匡文波：《手机媒体概论》，中国人民大学出版社 2006 年版。

[7] 《马克思恩格斯选集》第 4 卷，人民出版社 1995 年版。

[8] 王德胜：《美学原理》，人民教育出版社 2001 年版。

[9] 《马克思恩格斯选集》第 42 卷，人民出版社 1979 年版。

[10] 李泽厚：《美学四讲》，天津社会科学院出版社 2001 年版。

[11] [美] 保罗·莱文森：《手机：挡不住的呼唤》，何道宽译，中国人民大学出版社 2004 年版。

[12] [美] 保罗·莱文森：《数字麦克卢汉——信息化新纪元指南》，何道宽译，社会科学文献出版社 2001 年版。

[13] 吴伯凡：《孤独的狂欢》，中国人民大学出版社 1997 年版。

[14] 梁玲、王多：《科学技术的人本内涵与网络时代艺术审美创造》，华东师范大学出版社 2008 年版。

[15] [德] 马克思：《1844年经济学哲学手稿》，人民出版社2000年版。

[16] [美] 尼葛洛庞帝：《数字化生存》，胡泳、范海燕译，海南出版社1997年版。

[17] 姚文放：《审美文化学导论》，社会科学文献出版社2011年版。

[18] 欧阳友权：《数字媒介下的文艺转型》，中国社会科学出版社2011年版。

[19] 傅守祥：《审美化生存》，中国传媒大学出版社2008年版。

[20] 叶朗：《美学原理》，北京大学出版社2009年版。

[21] [德] 瓦尔特·本雅明：《机械复制时代的艺术作品》，王才勇译，中国城市出版社2002年版。

[22] [加] 英尼斯：《传播的偏向》，何道宽译，中国人民大学出版社2003年版。

[23] [加] 马歇尔·麦克卢汉：《理解媒介——论人的延伸》，何道宽译，商务印书馆2003年版。

[24] [美] 尼尔·波兹曼：《娱乐至死》，章艳等译，广西师范大学出版社2009年版。

[25] 田青毅、张小琴：《手机：个人移动多媒体》，清华大学出版社2009年版。

[26] [英] 迈克·费瑟斯通：《消费文化与后现代主义》，刘精明译，译林出版社2000年版。

[27] [英] 迈克·费瑟斯通：《消解文化》，杨渝东译，北京大学出版社2009年版。

[28] [新西兰] 肖恩·库比特：《数字美学》，赵文书译，商务印书馆2007年版。

[29] 曾耀农：《现代传播美学》，清华大学出版社2008年版。

[30] 张涵：《当代传播美学》，中国书籍出版社2010年版。

[31] 周小仪：《唯美主义与消费文化》，北京大学出版社2002年版。

[32] 王一川：《新编美学教程》，复旦大学出版社2007年版。

[33] 周宪：《文化表征与文化研究》，北京大学出版社2007年版。

[34] 潇牧、张伟、韦尔申：《全国美学大会论文集》（第七届），文化艺

术出版社 2010 年版。
[35] 张江南、王惠等：《网络时代的美学》，上海三联书店 2006 年版。
[36] 孟建等：《图像时代：视觉文化传播的理论诠释》，复旦大学出版社 2005 年版。
[37] 贾秀清等：《重构美学：数字媒体艺术本性》，中国广播电视出版社 2006 年版。
[38] 周伟业：《网络美育——艺术教育的媒介视角》，南京出版社 2009 年版。
[39] ［美］梅尔文·德弗勒、桑德拉·鲍尔-洛基奇：《大众传播学诸论》，杜力平译，新华出版社 1990 年版。
[40] ［美］罗杰·菲德勒：《媒介形态变化——认识新媒介》，明安香译，华夏出版社 2000 年版。
[41] 吴廷俊：《科技发展与传播革命》，华中科技大学出版社 2001 年版。
[42] ［美］约翰·帕夫利克：《新媒体技术：文化和商业前景》，周勇等译，清华大学出版社 2005 年版。
[43] 李建秋、李晓红：《新媒体传播导论》，四川大学出版社 2011 年版。
[44] ［美］保罗·莱文森：《新新媒介》，何道宽译，复旦大学出版社 2011 年版。
[45] 朱海松：《第五媒体：无线营销下的分众传媒与定向传播》，广东经济出版社 2005 年版。
[46] 童晓渝、蔡佶、张磊：《第五媒体原理》，人民邮电出版社 2006 年版。
[47] 王萍：《传播与生活——中国当代社会手机文化研究》，华夏出版社 2008 年版。
[48] 肖弦弈、杨成：《手机电视——产业融合的移动革命》，人民邮电出版社 2008 年版。
[49] ［法］米歇尔·福柯：《疯癫与文明》，刘北成等译，三联书店 2007 年版。
[50] ［法］米歇尔·福柯：《规讯与惩罚》，刘北成等译，三联书店 2007 年版。

[51] [德] 马克斯·霍克海默、西奥多·阿道尔诺:《启蒙辩证法》,渠进东等译,上海人民出版社2006年版。

[52] 朱立元:《美学》,高等教育出版社2001年版。

[53] 袁军:《媒介素养教育论》,中国传媒大学出版社2010年版。

[54] [英] 鲍桑葵:《美学史》,张今译,商务印书馆1985年版。

[55] [英] 雷蒙·威廉斯:《关键词:文化与社会的词汇》,刘建基译,三联书店2005年版。

[56] [英] 詹姆斯·麦卡里斯特:《美与科学革命》,李为译,吉林人民出版社2000年版。

[57] 朱立元:《美学大辞典》,上海辞书出版社2010年版。

[58] 徐纪敏:《科学美学思想史》,湖南人民出版社1987年版。

[59] 肖鹰:《形象与生存:审美时代的文化理论》,作家出版社1996年版。

[60] [德] 鲍姆加通:《美学》,盛宁、王旭晓译,文化艺术出版社1987年版。

[61] [英] 鲍桑葵:《美学三讲》,周煦良译,上海译文出版社1983年版。

[62] [美] 约翰·杜威:《艺术即经验》,高建平译,商务印书馆2005年版。

[63] 张锡坤:《新编美学辞典》,吉林人民出版社1987年版。

[64] 邱明正:《美学小辞典》,上海辞书出版社2007年版。

[65] 金炳华:《马克思主义哲学大辞典》,上海辞书出版社2003年版。

[66] 董学文:《马克思恩格斯著作中的美学问题》,北京大学出版社1982年版。

[67] 吴山:《中国工艺美术大辞典》,江苏美术出版社1989年版

[68] 潘菽、荆其诚:《中国大百科全书·心理学卷》,中国大百科全书出版社1991年版。

[69] 赵伶俐:《人格与审美》,安徽教育出版社2009年版。

[70] 《马克思恩格斯选集》第2卷,人民出版社1972年版。

[71] 雷建军:《视频互动媒介》,清华大学出版社2007年版。

[72] [德] 格罗赛：《艺术的起源》，蔡慕晖译，商务印书馆1985年版。

[73] 郭庆光：《传播学教程》，中国人民大学出版社1999年版。

[74] 张汝伦：《意义的探究》，辽宁人民出版社1986年版。

[75] 周宪：《审美现代性批判》，商务印书馆2005年版。

[76] 陈永国等编：《本雅明文选》，中国社会科学出版社1999年版。

[77] [美] 施拉姆：《人类传播理论》，台北远流出版公司1994年版。

[78] 《马克思恩格斯选集》第47卷，人民出版社1979年版。

[79] [英] 珍妮特·沃尔芙：《艺术的社会生产》，董学文、王葵译，华夏出版社1990年版。

[80] [匈] 巴拉兹：《电影美学》，中国电影出版社1979年版。

[81] [美] 马克·波斯特：《第二媒介时代》，范静哗译，南京大学出版社2000年版。

[82] [美] 马克·波斯特：《信息方式——后结构主义与社会语境》，范静哗译，商务印书馆2000年版。

[83] [美] 卡林内斯库：《现代性的五副面孔》，顾爱彬等译，商务印书馆2002年版。

[84] 申丹、秦海鹰：《欧美文学论丛》第三辑《欧美文论研究》，人民文学出版社2003年版。

[85] [德] 恩斯特·卡西尔：《人论》，甘阳译，上海译文出版社1985年版。

[86] [英] 约翰·斯道雷：《文化理论与通俗文化导论》，杨竹山等译，南京大学出版社2001年版。

[87] [美] 理查德·舒斯特曼：《生活即审美——审美经验和生活艺术》，彭锋等译，北京大学出版社2007年版。

[88] 庄孔韶：《人类学通论》，山西教育出版社2002年版。

[89] 余虹：《审美文化导论》，高等教育出版社2006年版。

[90] 周冠生：《审美心理学》，上海文艺出版社2005年版。

[91] [英] 丹尼斯·麦奎尔、[瑞典] 斯文·温德尔：《大众传播模式论》，祝建华译，上海译文出版社2008年版。

[92] 周宪、许钧：《文化与传媒译丛总序》，商务印书馆2001年版。

[93] 叶朗：《中国美学史大纲》，上海人民出版社 2005 年版。

[94] 邹华：《流变之美——美学理论的探索与重构》，清华大学出版社 2004 年版。

[95] 鲍宗豪：《网络与当代社会文化》，上海三联书店 2001 年版。

[96] [美] 凯文·凯利：《网络经济的十种策略》，萧华敬、任平译，广州出版社 2000 年版。

[97] [英] 曼纽尔·卡斯特：《网络社会的崛起》，夏铸九等译，社会科学文献出版社 2003 年版。

[98] [德] 海德格尔：《世界图像时代》，《海德格尔选集》，孙周兴译，上海三联书店 1996 年版。

[99] [美] 丹尼尔·贝尔：《资本主义的文化矛盾》，赵一凡等译，上海三联书店 1992 年版。

[100] [美] 约书亚·梅罗维茨：《消失的地域：电子媒介对社会行为的影响》，肖志军译，清华大学出版社 2002 年版。

[101] [英] 戴维·冈特利特：《网络研究》，彭兰等译，新华出版社 2004 年版。

[102] [德] 黑格尔：《美学》第三卷上，人民文学出版社 1979 年版。

[103] 周宪：《读图、身体、意识形态》，《文化研究》第 3 辑，天津社会科学院出版社 2002 年版。

[104] [美] 阿恩海姆：《艺术与视知觉》，滕守尧等译，四川人民出版社 1998 年版。

[105] [法] 波德里亚：《消费社会》，刘成富、全志钢译，南京大学出版社 2000 年版。

[106] 范玉吉：《审美趣味的变迁》，北京大学出版社 2006 年版。

[107] 李勇：《媒介时代的审美问题研究》，河南人民出版社 2009 年版。

[108] 陈卫星：《传播的表象》，广东人民出版社 1999 年版。

[109] 蒋原伦：《媒体文化与消费时》，中央编译出版社 2004 年版。

[110] [匈牙利] 卢卡契：《审美特性》第 1 卷，徐恒醇译，中国社会科学出版社 1986 年版。

[111] 刘小枫：《现代性社会理论绪论》，上海三联书店 1998 年版。

[112] 杨恩寰：《审美心理学》，人民出版社1991年版。

[113] 周宪：《文化现代性与美学问题》，中国人民大学出版社2005年版。

[114] ［美］道格拉斯·凯尔纳：《后现代理论》，张志斌译，中央编译出版社1999年版。

[115] ［德］彼得·科斯洛夫斯基：《后现代文化——技术发展的社会文化后果》，毛怡红译，中央编译出版社1999年版。

[116] 曹增节：《网络美学》，中国美术学院出版社2005年版。

[117] 张世英：《天人之际——中西哲学的困惑与选择》，人民出版社1995年版。

[118] 孙庚：《传播学概论》，中国人民大学出版社2010年版。

[119] 陈志良：《虚拟：人类中介系统的革命》，中国人民大学出版社2000年版。

[120] 黄希庭、郑勇等：《当代中国青年价值观研究》，人民教育出版社2005年版。

[121] 郭成、赵伶俐：《美育心理学》，警官教育出版社1998年版

[122] 童庆炳：《童庆炳谈审美心理》，河南大学出版社2008年版。

[123] ［斯］阿莱斯·艾尔雅维茨：《图像时代》，胡菊兰、张云鹏译，吉林人民出版社2003年版。

[124] ［美］托马斯·弗里德曼：《世界是平的》，何帆、肖莹莹、郝正非译，湖南科学技术出版社2007年版。

[125] ［美］马尔库塞：《审美之维》，李小兵译，上海三联书店1989年版。

[126] 陈卫星：《传播的观念》，人民出版社2004年版。

[127] 赵伶俐：《人生价值的弘扬——当代美育新论》，四川教育出版社2009年版。

[128] ［美］威廉·麦克高希：《世界文明史》，董建中等译，新华出版社2003年版。

[129] 夏甄陶主编：《认识发生论》，人民出版社1991年版。

[130] ［德］斯宾格勒：《人与技术》，董兆孚译，商务印书馆1937

年版。

[131] [法] 杜夫海纳：《美学与哲学》，孙非译，中国社会科学出版社1985年版。

[132] [美] 赫伯特·马尔库塞：《单向度的人》，重庆出版社1988年版。

[133] [德] 哈贝马斯：《作为"意识形态"的技术与科学》，李黎等译，学林出版社1999年版。

[134] [德] 海德格尔：《海德格尔选集》，孙周兴译，上海三联书店1996年版。

[135] [法] 博德里亚尔：《完美的罪行》，王为民等译，商务印书馆2000年版。

[136] [德] 哈贝马斯：《交往行动理论》，洪佩郁译，重庆出版社1994年版。

[137] 金惠敏：《媒介的后果》，人民出版社2005年版。

[138] 司马云杰：《文化社会学》，中国社会科学出版社2001年版。

[139] 李益：《现代传媒美学》，四川大学出版社2010年版。

[140] 段永朝：《互联网：碎片化生存》，中信出版社2009年版。

[141] [美] 尼尔·波茨曼：《技术垄断——文化向技术投降》，何道宽译，北京大学出版社2007年版。

[142] 吴志翔：《肆虐的狂欢》，武汉大学出版社2006年版。

[143] [美] 迈克尔·海姆：《从界面到网络空间：虚拟实在的形而上学》，金吾伦等译，上海科技出版社2000年版。

[144] [美] 弗洛姆：《健全的社会》，欧阳谦译，中国文联出版公司1988年版。

[146] 陈望衡：《当代美学原理》，人民出版社2003年版。

[147] [德] 马丁·海德格尔：《出自思想的经验》，法兰克福出版社1983年版。

[148] [美] 阿恩海姆等：《艺术的心理世界》，周宪译，中国人民大学出版社2000年版。

[149] 刘纲纪：《艺术哲学》，湖北人民出版社1986年版。

[150] [德] 弗里德里希·席勒：《审美教育书简》，冯至、范大灿译，北京大学出版社1985年版。

[151] 陆梅林：《马克思主义文艺学大辞典》，河南人民出版社1994年版。

[152] 朱光潜：《朱光潜美学文集》第一卷，上海文艺出版社1982年版。

[153] 赵伶俐：《大美育实验研究》，西南师范大学出版社1996年版。

[154] 赵伶俐、章新建：《高校美育——美的人生设计与创造》，西南师范大学出版社1995年版。

[155] 姚全兴：《中国现代美育思想评述》，湖北教育出版社1989年版。

[156] 俞玉滋、张援：《中国近现代美育论文选（1840—1949）》，上海教育出版社1999年版。

[157] 高平叔：《蔡元培美育论集》，河南教育出版社1987年版。

[158] 桑新民：《呼唤新世纪的教育哲学》，教育科学出版社1993年版。

[159] 赵伶俐、汪宏：《百年中国美育》，高等教育出版社2006年版。

[160] [爱沙尼亚] 斯托洛维奇：《审美价值的本质》，凌继尧译，中国社会科学出版社2007年版。

[161] [荷兰] E·舒尔曼：《科技文明与人类未来》，李小兵等译，东方出版社1995年版。

[162] [法] 马克·西门尼斯：《当代美学》，王洪一译，文化艺术出版社2005年版。

[163] [美] 凯文·凯利：《网络经济的十种策略》，萧华敬、任平译，广州出版社2000年版。

[164] [美] 詹明信：《晚期资本主义的文化逻辑》，陈清侨等译，三联书店1997年版。

[165] [英] 尼克·斯蒂文森：《认识媒介文化》，王文斌译，商务印书馆2001年版。

[166] 杜卫：《美育论》，教育科学出版社2000年版。

[167] [美] 阿尔伯特·爱因斯坦：《爱因斯坦晚年文集》，方在庆等译，北京大学出版社2008年版。

[168] 姜华：《大众文化理论的后现代转向》，人民出版社2006年版。

[169] 彭峰：《美学导论》，复旦大学出版社 2011 年版。

[170] ［美］马斯洛：《人的潜能和价值》，林方译，华夏出版社 1987 年版。

[171] 程钧：《美学教程》，南京师范大学出版社 2006 年版。

[172] 何齐宗：《审美人格教育论》，人民教育出版社 2004 年版。

[173] 南帆：《双重视域——当代电子文化分析》，江苏人民出版社 2003 年版。

[174] 汪民安等：《城市文化读本》，北京大学出版社 2008 年版。

[175] 杨春时：《美学》，高等教育出版社 2004 年版。

[176] 陆贵山：《审美主客体》，中国人民大学出版社 1989 年版。

[177] 李晓林：《审美主义——从尼采到福柯》，社会科学文献出版社 2005 年版。

[178] 赵伶俐、汪宏：《中国公民审美心理实证研究》，北京大学出版社 2010 年版。

[179] ［美］戴安娜·克兰：《文化生产：媒体与都市艺术》，赵国新译，译林出版社 2001 年版。

[180] ［美］约翰·费斯克：《理解大众文化》，王小珏译，中央编译出版社 2006 年版。

[181] 蔡帼芬等：《全球化视野中的国际传播》，五洲传播出版社 2003 年版。

[182] 倪桓：《手机短信传播心理探析》，中国传媒大学出版社 2009 年版。

[183] 陈玲：《新媒体艺术史纲》，清华大学出版社 2007 年版。

[184] ［法］古斯·塔夫勒庞：《乌合之众——大众心理研究》，冯克利译，广西师范大学出版社 2007 年版。

[185] 黄鸣奋：《互联网艺术》，文化艺术出版社 2006 年版。

[186] 徐放鸣等：《审美文化新视野》，中国社会科学出版社 2008 年版。

论文

[1] 汪民安：《手机：身体与社会》，《文艺研究》2009 年第 7 期。

[2] 欧阳友权:《网络审美资源的技术美学批判》,《文学评论》2008年第2期。

[3] 欧阳友权:《数字化传媒技术的审美视界》,《东方丛刊》2010年第1期。

[4] 杜书瀛:《论媒介及其对审美—艺术的意义》,《文学评论》2007年第4期。

[5] 张玉能:《美的规律与审美活动》,《西北师大学报》(社科版)2006年第4期。

[6] 张晶:《大众传媒在国家美育工程中的社会担当》,《现代传播》2010年第7期。

[7] 姚文放:《"审美"概念的分析》,《求是学刊》2008年第1期。

[8] 姚文放:《"审美"概念的嬗变及其美学意义》,《江苏社会科学》2008年第3期。

[9] 李火林:《论艺术掌握世界方式的特殊性及其人学意义》,《青海社会科学》1996年第1期。

[10] 何志钧、秦凤珍:《网络传播与审美文化新变初探》,《湖南文理学院学报》(社科版)2006年第5期。

[11] 甘锋:《论视觉文化对传统审美方式的消解》,《西北师大学报》(社科版)2007年第5期。

[12] 胡冬汶:《媒介发展与审美主体存在及其超越性问题思考》,《昌吉学院学报》2009年第3期。

[13] 代迅:《艺术终结之后:黑格尔与现代美学转向》,《江西社会科学》2009年第1期。

[14] 代迅:《日常生活与审美超越——超越美学论》,《文艺评论》2002年第4期。

[15] 舒也:《媒体的视觉化转型》,《福建论坛》(人文社会科学版)2001年第3期。

[16] 舒也:《论视觉文化转向》,《天津社会科学》2009年第5期。

[17] 孟建:《视觉文化传播:对一种文化形态和传播理念的诠释》,《现代传播》2002年第3期。

[18] 孟凯、盛卫国：《视觉文化时代人的生存样态分析》，《解放军艺术学院学报》2007 年第 4 期。

[19] 张通生、杜丽芬：《后传播时代的手机媒体》，《新闻爱好者》2009 年第 24 期。

[20] 洪清：《风生水起的"第五媒体"》，《青年记者》2006 年第 16 期。

[21] 马晓敏：《浅谈手机微博及其发展》，《新闻爱好者》2010 年 10 月下。

[22] 高鑫：《技术美学研究（上）》，《现代传播》2011 年第 2 期。

[23] 高鑫：《技术美学研究（下）》，《现代传播》2011 年第 3 期。

[24] 常晋芳：《网络文化的十大悖论》，《天津社会科学》2003 年第 2 期。

[25] 夏光富、袁满：《手机文化的特性与手机文化的产业化》，《新闻界》2007 年第 4 期。

[26] 余开亮：《网络空间美学理论的嬗变》，《河南社会科学》2003 年第 4 期。

[27] 孔繁玲、张勇、满恩：《网络化生存》，《理论探讨》2001 年第 5 期。

[28] 方珊：《论审美教育的愉悦性》，《思想政治课教学》2004 年第 2 期。

[29] 王黑特、石雪影：《手机与人的关系》，《现代传播》2010 年第 8 期。

[30] 李思屈、关萍萍：《论数字娱乐产业的审美经济特征》，《杭州师范学院学报》（社科版）2007 年第 5 期。

[31] 陈本益：《康德美学的先天原则探析》，《文艺理论研究》2011 年第 3 期。

[32] 陆扬：《费瑟斯通论日常生活审美化》，《文艺研究》2009 年第 11 期。

[33] 李燕枫：《新媒体审美特征的美学思考》，《今日科苑》2009 年第 3 期。

[34] 孙浩祥：《手机媒体传播模式及市场营销分析》，《沈阳教育学院学

报》2010 年第 6 期。
[35] 张兴华:《图像狂欢——大众传媒与审美方式的转变》,《宜宾学院学报》2008 年第 4 期。
[36] 燕世超:《人类审美活动发生的时间维度》,《社会科学辑刊》2008 年第 4 期。
[37] 索邦理:《电子传媒与审美方式的转变》,《电影文学》2009 年第 5 期。
[38] 李倍雷、徐立伟:《当代文化语境下的三种审美方式》,《湘南学院学报》2009 年第 4 期。
[39] 黄星民:《从礼乐传播看非语言大众传播形式的演变》,《新闻与传播研究》2000 年第 3 期。
[40] 袁洁玲:《从审美需要的角度看媒介发展的规律》,《新闻爱好者》2007 年 7 月下。
[41] 闵大洪:《手机正在成为媒体工具》,《中国传媒科技》2000 年第 6 期。

后　　记

　　当2012年的日历悄然翻到了5月，我知道博士毕业答辩的日子就要来临了，时光荏苒，又过去了一个三年，蓦然回首，一千多个日日夜夜，一切仿佛都还在昨天。这是一个让我终生难忘的三年，记忆中的求学经历，付出和收获最多的唯有高三和博士期间了，无论是寒冬还是酷暑，西南大学的小径和大道都留下了我的求学足迹，或疾步匆匆，或踱步思索，或漫步悠然，或驻足而观，最终汇聚成这本近16万字的博士论文，其中的艰辛与汗水，唯我自知。脚下的路在变，路上的人也在变，正如导师赵伶俐教授所言，"从现在往回看，你已经再也回不到从前了"。是啊，三年一路走来，这是一条学者之路，严谨、求真、务实，学术的思维不知不觉已然渗入了骨髓，时至今日，思绪万千，有千言万语发于肺腑，却又无从说起，涤荡于内心的唯有深深的感动。

　　首先谨以最诚挚的敬意感谢我的导师赵伶俐教授，先生以她大家的气度、深邃的思维、广阔的视野指引着我走向学术的道路，正是先生渊博精深的超卓学识和坚毅执着的人格魅力，给我播下了信念的种子，促使我在探索真理的道路上奋然前行，不畏艰难。研究从选题立题、实证设计到结果分析，以及论文的撰写和修改都凝结了先生的心血和智慧。大家都知道赵老师很严，但是只有做了她的学生才能够深切地体会到这种严其实是一种爱，还记得三年前先生的那句话："我希望博士期间的积淀能够给你带来未来跨越式的发展。"先生严谨的治学态度、渊博的知识、创新的思维和高尚的人格给我留下了深刻的印象，并将使我受益终身。

　　古人云：师者，所以传道授业解惑也。感谢文学院我所有的博士课程老师们，是您们无保留的倾囊相授使我得以快速掌握本学科研究方法，是您们的谆谆教导引导我走向美的殿堂，是您们广博的学识和聪慧的睿智不断滋养着我的灵魂，促使我的学术之路更有广度和深度，时至今日，我还常常梦回您们的课堂，陈本益教授、代迅教授、王本朝教授、刘明华教授，真诚地感谢您们的关怀和教导，在同老师们的交流中所体味到的风云际会与灵光一现至今令我记忆犹新。

感谢高等教育研究所汪宏老师、陈本友老师，每一次的博士进展汇报都能听到你们充满智慧的论文建议，特别是在实证研究上的指导和建议，使我受益良多。感谢潘丽老师，你的聪慧与善良，以及默默无闻的支持，成为我们前行的动力，你为我搜集的诸多资料，尤其是你赠送的相关专业书籍，给在困顿中摸索的我提供了莫大的帮助与支持。感谢丁志跃老师，你经常是我们每天在高教所遇见的第一个人，是你给我们的学习提供了便利和帮助，让我们倍感温暖。

感谢博士师姐丁月华，现在还记得已经毕业的你回学校和我们讨论论文的场景。感谢美学专业博士师姐李学垠，你是先生在审美心理与美育方向毕业的第一位博士，你的潜心向学与探索的毅力，为我们树立了榜样。感谢心理学专业博士师姐陈丽君，是你与我们的讨论，让我们在美学与心理学的交叉学科审美心理的研究上更加地有方向感。感谢这三年来我的战友、博士同学黎洪银，多少次的促膝夜谈，多少次围绕校园的散步与讨论，可能我们自己也已经无法计数，是你与我的相互鼓励、帮助与支持，使博士学业得以顺利完成。感谢博士师妹李佳媛和李林蔓，是你们加入了这个"求真、求美、求善"的团队，让我们可以相互鼓励与帮助。

感谢服饰与审美心理方向硕士师弟李福东，在实证研究中幸得你的帮助，你对SPSS统计软件的熟练掌握使我少走了许多弯路，对你花费大量时间为我进行统计工作深表谢意。感谢心理学专业博士同学吴晓勇，你在深夜两点多仍然在为我的实证数据进行统计分析，是你的把关让我对自己的实证研究增添了信心，一直以来都心存感激。感谢我的硕士同学、重庆大学外语教师刘行宇，是你对我的英文摘要精益求精的翻译与修改，使我的论文更加的严谨，对耗费了你大量的时间我总是心存歉意。

感谢美学专业硕士师弟、重庆大学出版社编辑李金正，你的宝贵建议让我茅塞顿开，你的批评和指正给了我莫大的帮助。感谢文学院博士同学肖国荣、刘志华、蒋宇、赵天一、陈火青、杨昱、杜积西、杨晓瑞、蒋霞、陈晓阳、李星颖、李文、王萍，三年的同学友谊，学习切磋，永远都让我难以忘怀。感谢高教所 08、09、10、11 级的硕士师弟与师妹们，与你们在一起，总是那么的愉快。

感谢我的培养单位重庆邮电大学传媒艺术学院，是领导们的关心与支持，给了我良好的学习条件和宽松的学习环境。

感谢我的家人，刚到西南大学读博时，儿子只有一岁多，博士毕业之时，儿子已经四岁有余，作为父亲，这三年来我可以说没有尽到多少职责，一年级时只有周末可以回到家中，后面两年虽每周一可以多待一天，但我主要是完成单位的教学任务，时时刻刻都是匆匆忙忙，以致当别人逗问儿子爸爸在哪里的时候，小小的他就会回答"在北碚读书"。每当看到父母增添的许多白发，想到自己不能多陪伴儿子，歉疚之情总会油然而生，只有在心底默默地祝福，愿我的家人永远健康、幸福。

张建

壬辰初夏于西南大学杏园 B 栋

本书是我在 2012 年通过答辩的博士学位论文基础上修改、增添、完善而成。时光如白驹过隙，很快毕业已经四年，智能手机的发展正如火如荼，对现代人产生广泛而又深入的影响。感谢我的导师赵伶俐教授敏锐的学术眼光，六年前确定的选题竟然有这么强的前瞻性，直到今天仍然极具理论价值和现实意义。当今智能手机正成为技术与艺术完美结合的典范，为艺术与科学的结合提供了更为广阔的天地。即将问世的 iPhone7 将具备 VR（虚拟现实功能），以后还会有 AR（增强现实即真实环境和虚拟物体的叠加功能）、MR（混合现实即真实世界与虚拟混合功能）等，艺术与科学在这个广阔的新天地里，必将上演更加引人入胜的一幕。

手机媒体艺术、手机美学、手机美育，是当今美学、艺术学、审美教育等学科研究的前沿问题，十分庆幸自己能够在这个学术"富矿"不断开掘。创建这条"移动审美""移动美育"的跑道，异常艰辛，现在只是确定了初步的方向，要做到细节的完美，或许要用一生来加以完善、丰富。为了追求真理，我会永不停歇。

限于理论水平，加上时间仓促，书中一定存在许多的不足和遗憾，真诚希望各位专家学者和广大读者不吝赐教，促使本书通过反馈、吸收、修改而日臻完善。感谢重庆邮电大学博士启动基金的资助，使本书得以顺利出版。书中的图片搜集自网络，由于很难准确查到作者信息，在此一并对他们表示最诚恳的谢意。

张 建

2016 年 6 月补记于重庆南山黄桷垭